高职高专计算机规划教材·任务教程系列

C#应用程序设计

主　编　韦鹏程　张　伟　朱盈贤
副主编　杨华千　冯　伟　李建福
　　　　王　勇　李　波

中国铁道出版社
CHINA RAILWAY PUBLISHING HOUSE

内容简介

本书根据高等职业技术教育的特点，结合教学改革和应用实践编写而成。本书以 Visual Studio 2005 为基本工具，以工作任务为主线，深入浅出地介绍了 C#程序设计的基础知识和编程方法，几乎涵盖了 C#基础编程中的所有内容。

本书内容全面、翔实，适合高职高专院校计算机类相关专业的学生使用，也可作为 C# 初学者的入门教材、培养 C# 程序设计人员的培训教材，以及参加计算机等级考试（二级）人员的参考资料。

图书在版编目（CIP）数据

C#应用程序设计 / 韦鹏程，张伟，朱盈贤主编.北京：中国铁道出版社，2011.7（2017.2重印）
高职高专计算机规划教材. 任务教程系列
ISBN 978-7-113-12958-3

Ⅰ. ①C… Ⅱ. ①韦… ②张… ③朱… Ⅲ. ①C语言－程序设计－高等职业教育－教材 Ⅳ. ①TP312

中国版本图书馆 CIP 数据核字（2011）第 084343 号

书　　名：	C#应用程序设计
作　　者：	韦鹏程　张　伟　朱盈贤　主编

策划编辑：	秦绪好　　王春霞		
责任编辑：	翟玉峰		
特邀编辑：	王　惠	封面设计：	大象设计
编辑助理：	何　佳	版式设计：	于　洋
封面制作：	白　雪		
责任印制：	李　佳		

出版发行：中国铁道出版社（北京市西城区右安门西街 8 号）　邮政编码：100054
印　　刷：三河市华业印务有限公司
版　　次：2011 年 7 月第 1 版　　　　2017 年 2 月第 6 次印刷
开　　本：787mm×1092mm　1/16　印张：16.75　字数：385 千
书　　号：ISBN 978-7-113-12958-3
定　　价：32.00 元

版权所有　侵权必究

凡购买铁道版图书，如有印制质量问题，请与本社教材研究开发中心批销部联系调换

前 言

　　高等职业技术教育是高等教育的一个重要组成部分，可以培养学生成为具有高尚职业道德、具有大学专科或本科理论水平、具有较强的实际动手能力、面向生产第一线的应用型高级技术人才。高职人才的工作不是从事理论研究，也不是从事开发设计，而是把现有的规范、图样和方案实现为产品，转化为财富。在高等职业技术教育的教学过程中，应注重学生职业岗位能力的培养，有针对性地进行职业能力的训练，以及学生解决问题和自学能力的培养及训练。

　　本书以 Visual Studio 2005 为基本工具，每章均从工作任务入手，让读者突破传统的思维和学习方式，深入浅出地了解 C#程序设计的基础知识和编程方法。

　　本书内容全面，实例丰富，简明易懂，突出实用性。

　　本书是作者经过多年课程教学、产学研的实践，以及教学改革的探索，再根据高等职业技术教育的特点编写而成的，以理论够用、实用、强化应用为原则，使 C#应用技术的教与学得以快速和轻松地进行。

　　本书每章开始都附有学习目标，对该章项目完成过程中，学生应该重点掌握的内容有一个总体介绍。然后以工作任务入手，分别从"任务描述"、"任务实施"和"相关知识"几个方面，将知识分散于各个工作任务中，在工作任务中学习知识。每章末附有本章小结和习题，供学生及时消化对应章节所学的内容。

　　全书共分 10 章：第 1 章 初识 C#；第 2 章 C#语言基础；第 3 章 C#程序的流程控制；第 4 章 数组与自定义类型；第 5 章 面向对象程序基础；第 6 章 继承和多态性；第 7 章 委托与事件；第 8 章 Windows 相关控件；第 9 章 使用 ADO.NET 进行数据库编程；第 10 章 文件 I/O 操作。

　　本课程建议教学时数为 72～80 学时，授课时数和实训时数最好各为 36～40 学时。

　　本书由韦鹏程、张伟、朱盈贤、吴海霞、冯伟共同编写。

　　由于编者水平有限，时间仓促，不妥之处在所难免，衷心希望广大读者批评指正。

编 者

2011 年 4 月

目 录

第 1 章 初识 C# 1
学习目标 1
任务 1 第一个控制台应用程序 1
任务描述 1
任务实施
1. 创建项目 1
2. 代码的编写 2
3. 程序的运行 2

相关知识
1. 类的定义 2
2. Main()方法 2
3. 输入与输出 3
4. 命名空间 3
5. 代码注释 3

任务扩展 4

任务 2 第一个 WinForm 程序 4
任务描述 4
任务实施
1. 创建项目和窗体 4
2. 代码的编写 4
3. 程序的运行 5

相关知识
1. 事件 5
2. 属性 6
3. "属性"窗口 6
4. 解决方案资源管理器 6

任务扩展 7
本章小结 7
习题 7

第 2 章 C#语言基础 8
学习目标 8
2.1 变量与常量 8
任务 1 计算体脂指数 BMI 9
任务描述 9
任务实施
1. 创建项目 9
2. 代码的编写 9
3. 程序的运行 10

相关知识
1. 类的定义和变量的声明 11
2. MessageBox 类 11
3. 字符串运算符 11
4. 变量值的覆盖 11

2.2 基本数据类型 12
任务 2 BMI 计算器的改进 1 13
任务描述 13
任务实施
1. 创建项目和窗体 13
2. 代码的编写 14
3. 程序的运行 15

相关知识
1. 数字字符串转换为数字 15
2. 捕获异常及处理异常 15
3. 算术运算 16

任务 3 转换成大写字母 17
任务描述 17
任务实施
1. 创建项目和窗体 17
2. 代码的编写 18
3. 程序的运行 18

相关知识
1. 字符串与字符型数据的转换 19
2. char.IsLetter()方法 19
3. 字符型与数值型数据的转换 19
4. 基本数据类型的相互转换 19

任务 4　BMI 计算器的改进 2 21
任务描述 21
任务实施
1. 创建项目和窗体 21
2. 代码的编写 22
3. 程序的运行 23

相关知识
1. 运算符的优先级和结合性 23
2. 条件运算符 24
3. 赋值运算符 24

任务 5　密码语言 26
任务描述 26
任务实施
1. 创建项目和窗体 27
2. 代码的编写 27
3. 程序的运行 28

相关知识
1. 对象的创建 28
2. 对象的操作 29
3. 字符串的索引 29

本章小结 29
习题 30

第 3 章　C#程序的流程控制 31
学习目标 31
3.1　选择结构 31
任务 1　猜硬币 32
任务描述 32

任务实施
1. 创建项目和窗体 32
2. 代码的编写 33
3. 程序的运行 33

相关知识
1. RadioButton 单选按钮控件 33
2. Random 随机类 34

任务 2　个税计算器 36
任务描述 36
任务实施
1. 创建项目和窗体 36
2. 代码的编写 37
3. 程序的运行 38

相关知识
1. Math 数学类 38
2. 字符串的格式化输出 38

任务 3　简易数学计算器 40
任务描述 40
任务实施
1. 创建项目和窗体 40
2. 代码的编写 41
3. 程序的运行 41

相关知识
1. ListBox 列表框 41
2. ComboBox 组合框 44

3.2　循环结构 44
任务 4　九九乘法表 45
任务描述 45
任务实施
1. 创建项目和窗体 45
2. 代码的编写 46
3. 程序的运行 46

- 相关知识
  1. 循环的执行 46
  2. 循环的嵌套 47
  3. 输出的格式 47

任务 5 公约数与公倍数 48
- 任务描述 48
- 任务实施
  1. 创建项目和窗体 48
  2. 代码的编写 49
  3. 程序的运行 49
- 相关知识
  1. 循环的执行 49
  2. GroupBox 控件 50
  3. CheckBox 控件 50

任务 6 存款计算 51
- 任务描述 51
- 任务实施
  1. 创建项目和窗体 51
  2. 代码的编写 52
  3. 程序的运行 52
- 相关知识
  1. 循环的执行 53
  2. while 与 do...while 的区别 ... 53

3.3 转向语句 53
任务 7 输出特定数列 54
- 任务描述 54
- 任务实施
  1. 创建项目和窗体 54
  2. 代码的编写 54
  3. 程序的运行 55
- 相关知识
  1. break 的运行 55
  2. continue 的执行 55

本章小结 56

习题 56

第 4 章 数组与自定义类型 57
- 学习目标 57

4.1 数组的概念 57
任务 1 数据排序 58
- 任务描述 58
- 任务实施
  1. 创建项目和窗体 58
  2. 代码的编写 59
  3. 程序的运行 61
- 相关知识
  1. 数组的创建与引用 61
  2. 窗体的对话框模式 62

任务 2 数据排序修改 62
- 任务描述 62
- 任务实施
  1. 创建项目和窗体 63
  2. 代码的编写 63
  3. 程序的运行 64
- 相关知识
  1. 变长数组的声明与创建 65
  2. 数组的 Length 属性 65
  3. foreach 循环语句 65

4.2 多维数组 66
任务 3 货品数量计算 66
- 任务描述 66
- 任务实施
  1. 创建项目和窗体 67
  2. 代码的编写 68
  3. 程序的运行 69
- 相关知识
  1. 多维数组的访问 69
  2. 获取维长度 70
  3. 变量的值类型与引用类型 70

4.3 数组列表与控件数组 71
任务 4 数组列表的使用 71
　任务描述 71
　任务实施
　　1. 创建项目和窗体 72
　　2. 代码的编写 73
　　3. 程序的运行 74
　相关知识
　　1. 生成不同的随机数 74
　　2. 数组与数组列表的常用属性和方法 74
　　3. Sort()方法 75
　　4. Add(object)方法 76
　　5. Remove(value)方法 76
　　6. RemoveAt(index)方法 76
　　7. Clear()方法 76
　　8. Insert(index，value)方法 76
　　9. IndexOf(object)方法 76
任务 5 控件数组的运算 76
　任务描述 76
　任务实施
　　1. 创建项目和窗体 77
　　2. 代码的编写 77
　　3. 程序的运行 79
　相关知识
　　1. 数组作为参数 79
　　2. params 关键字 79
4.4 自定义类型 80
任务 6 统计得分 80
　任务描述 80
　任务实施
　　1. 创建项目和窗体 81
　　2. 代码的编写 82
　　3. 程序的运行 82

　相关知识
　　1. 结构类型 82
　　2. 枚举类型 84
本章小结 84
习题 85

第 5 章 面向对象程序基础 86
　学习目标 86
5.1 类与对象 86
5.2 字段 87
任务 1 改写 BMI 计算器 87
　任务描述 87
　任务实施
　　1. 创建项目和窗体 87
　　2. 代码的编写 88
　　3. 程序的运行 90
　相关知识
　　1. 声明与使用对象 90
　　2. 类的封装 90
　　3. 访问控制 90
5.3 属性 91
任务 2 使用属性 91
　任务描述 91
　任务实施
　　1. 创建项目和窗体 91
　　2. 代码的编写 91
　　3. 程序的运行 92
　相关知识
　　1. 属性的声明 93
　　2. 属性访问器 93
　　3. 访问类成员 94
　　4. 属性和字段 94
5.4 类的方法 94
任务 3 完善面向对象的 BMI 计算器 94

- **任务描述** 94
- **任务实施**
  1. 创建项目和窗体 95
  2. 代码的编写 96
  3. 程序的运行 97
- **相关知识**
  1. 声明方法 97
  2. 调用方法 98
  3. 方法和属性 98

任务 4　交换文本框内容 99
- **任务描述** 99
- **任务实施**
  1. 创建项目和窗体 99
  2. 代码的编写 100
  3. 程序的运行 101
- **相关知识**
  1. 按值传递 101
  2. 按引用传递 102

任务 5　方法的重载 102
- **任务描述** 102
- **任务实施**
  1. 创建项目和窗体 103
  2. 代码的编写 104
  3. 程序的运行 105
- **相关知识**
  1. 方法的重载 105
  2. 调用重载方法 106

5.5　类的构造函数 106
任务 6　声明构造函数 107
- **任务描述** 107
- **任务实施**
  1. 创建项目和窗体 107
  2. 代码的编写 108
  3. 程序的运行 109

- **相关知识**
  1. 声明构造函数 109
  2. 构造函数的使用 109
  3. 析构函数 109

任务 7　重载构造函数 110
- **任务描述** 110
- **任务实施**
  1. 创建项目和窗体 110
  2. 代码的编写 111
  3. 程序的运行 113
- **相关知识**
  1. 重载造函数 113
  2. this 关键字 113
  3. 调用其他构造函数 114

5.6　静态成员与实例成员 114
任务 8　计数矩形个数 114
- **任务描述** 114
- **任务实施**
  1. 创建项目和窗体 114
  2. 代码的编写 115
  3. 程序的运行 115
- **相关知识**
  1. 静态数据成员 115
  2. 静态方法 116

本章小结 116
习题 116

第 6 章　继承和多态性 117
- **学习目标** 117
6.1　类的继承 117
任务 1　基类与派生类 117
- **任务描述** 117
- **任务实施**
  1. 创建项目和窗体 118
  2. 代码的编写 118
  3. 程序的运行 120

相关知识
1．派生类的声明 120
2．成员的访问 121
3．派生类的构造函数 121

任务2　为任务1中的派生类
　　　　Student创建构造函数 121
　任务描述 121
　任务实施
　　1．创建项目和窗体 121
　　2．代码的编写 122
　　3．程序的运行 122
　相关知识
　　1．向基类构造函数传递参数 122
　　2．base关键字 122

任务3　隐藏继承成员 123
　任务描述 123
　任务实施
　　1．创建项目和窗体 123
　　2．代码的编写 124
　　3．程序的运行 124
　相关知识
　　1．隐藏继承成员 124
　　2．访问隐藏成员 125

6.2　多态性 125
任务4　多级继承层次结构 126
　任务描述 126
　任务实施
　　1．创建项目和窗体 126
　　2．代码的编写 127
　　3．程序的运行 131
　相关知识
　　1．重写基方法 131
　　2．重写的限制 131
　　3．重写虚拟成员 132

4．重写Object类中的方法 132
5．多态性的实现 132
6．继承中构造函数的执行过程 132
7．重载、重写和隐藏 133

任务5　多态性及其实现 134
　任务描述 134
　任务实施
　　1．创建项目和窗体 135
　　2．代码的编写 136
　　3．程序的运行 142
　相关知识
　　1．声明抽象类 142
　　2．实现抽象类 142
　　3．抽象类派生抽象类 142
　　4．抽象的隐含为虚拟的 143
　　5．抽象类作为变量类型 143
　　6．判断运行时变量的实际类型 .. 143

6.3　接口 144
任务6　接口的使用 144
　任务描述 144
　任务实施
　　1．创建项目和窗体 144
　　2．代码的编写 145
　　3．程序的运行 148
　相关知识
　　1．声明接口 148
　　2．实现接口 149
　　3．同名接口成员的实现 149
　　4．接口成员的访问 149
　　5．接口与多态性 150

任务7　接口与抽象类的结合 150
　任务描述 150
　任务实施
　　1．创建项目和窗体 150
　　2．代码的编写 151
　　3．程序的运行 153

相关知识
1. 抽象类实现接口 153
2. 组合 154
3. 抽象类和接口 154
4. DateTime 类型 155

本章小结 155
习题 155

第 7 章 委托与事件 156

学习目标 156

7.1 委托 156

任务 1 将方法作为方法的参数 ...156
任务描述 156
任务实施
1. 创建项目和窗体 157
2. 代码的编写 157
3. 程序的运行 158

相关知识
1. 声明委托 158
2. 委托是一种类型 158

任务 2 绑定多个方法到委托 159
任务描述 159
任务实施
1. 创建项目和窗体 159
2. 代码的编写 159
3. 程序的运行 160

相关知识
1. 绑定方法 160
2. 删除绑定 160
3. 面向封装的改进 160

7.2 事件 161

任务 3 电水壶 162
任务描述 162
任务实施
1. 创建项目和窗体 162

2. 代码的编写 162
3. 程序的运行 164

相关知识
1. Observer 模式 164
2. 声明事件的委托 165
3. 定义事件源 165
4. 定义使用此事件的类 166
5. 引发事件 167

7.3 键盘事件 168

任务 4 查看按键的 ASCII 码 168
任务描述 168
任务实施
1. 创建项目和窗体 168
2. 代码的编写 169
3. 程序的运行 170

相关知识
1. KeyPressEventArgs 事件参数 .. 170
2. Keys 枚举 170
3. KeyPress 事件的局限 171

任务 5 数字加密 171
任务描述 171
任务实施
1. 创建项目和窗体 172
2. 代码的编写 172
3. 程序的运行 174

相关知识
1. KeyCode、KeyValue 和 KeyData 属性 174
2. 组合键判断 174

7.4 鼠标事件 175

任务 6 鼠标事件 175
任务描述 175
任务实施
1. 创建项目和窗体 175

- 相关知识
  - 1. 鼠标事件发生的顺序 176
  - 2. MouseEventArgs 类 176
  - 3. MouseButtons 枚举 177

本章小结 177
习题 177

第8章 Windows 相关控件 178
- 学习目标 178
- 8.1 菜单 178
- 任务1 菜单演示 178
  - 任务描述 178
  - 任务实施
    - 1. 创建项目和窗体 179
    - 2. 代码的编写 180
    - 3. 程序的运行 181
  - 相关知识
    - 1. 编辑、删除菜单成员 181
    - 2. 设置下拉菜单的属性 181
- 任务2 扩展菜单演示 182
  - 任务描述 182
  - 任务实施
    - 1. 创建项目和窗体 182
    - 2. 代码的编写 183
    - 3. 程序的运行 185
  - 相关知识 185
- 8.2 工具栏 185
- 任务3 添加工具栏 185
  - 任务描述 185
  - 任务实施
    - 1. 创建项目和窗体 185
    - 2. 代码的编写 186
    - 3. 程序的运行 187
  - 相关知识
    - 1. 工具按钮的添加 187
    - 2. 工具按钮常用属性 187
- 8.3 状态栏 188
- 任务4 添加状态栏 188
  - 任务描述 188
  - 任务实施
    - 1. 创建项目和窗体 188
    - 2. 代码的编写 188
    - 3. 程序的运行 190
  - 相关知识 190
- 8.4 对话框 190
- 任务5 添加对话框 190
  - 任务描述 190
  - 任务实施
    - 1. 创建项目和窗体 191
    - 2. 代码的编写 192
    - 3. 程序的运行 193
  - 相关知识
    - 1. 消息框 193
    - 2. 字体对话框 194
    - 3. 打开文件对话框 194

本章小结 195
习题 195

第9章 使用 ADO.NET 进行数据库编程 196
- 学习目标 196
- 9.1 概述 196
- 9.2 窗体设计部分 198
- 任务1 各窗体的设计 198
  - 任务描述 198
  - 任务实施
    - 1. 在 Visual Studio 中建立 WinForm 项目 199

2. 系统登录窗体模块 200
3. 导航窗体模块 202
4. 搜索电影窗体模块 203
5. 评价电影窗体模块 204
6. 推荐电影窗体模块 206

相关知识
1. DataGridView 控件 207
2. Panel 控件 209

9.3 代码设计部分 209

任务 2 登录窗体的代码实现 209

任务描述 209

任务实施 209

相关知识
1. 连接（SqlConnection 对象）的创建 211
2. 命令（SqlCommand 对象）的创建 213
3. 结果（SqlDataReader 对象）的创建 214
4. 验证机制 215
5. 窗体的切换 215

任务 3 导航窗体的代码实现 216

任务描述 216

任务实施 216

相关知识 217

任务 4 搜索电影窗体的代码实现 ...217

任务描述 217

任务实施 217

相关知识
1. 数据集（DataSet）..................221
2. 数据适配器（DataAdapter）..223

任务 5 评价电影窗体的代码实现 ...224

任务描述 224

任务实施 224

相关知识
1. 数据表（DataTable）..............231
2. 评论增删改判断机制 232

任务 6 推荐电影窗体的代码实现 ...232

任务描述 232

任务实施 233

相关知识
1. 推荐机制 234
2. SQL 查询基础 234
3. 数据绑定 235

本章小结 236
习题 236

第 10 章 文件 I/O 操作 237

学习目标 237

10.1 文件与流 237

任务 1 文件的写入与读出 237

任务描述 237

任务实施
1. 创建项目和窗体 238
2. 代码的编写 239
3. 程序的运行 240

相关知识
1. 文件流 FileStream 240
2. 与 I/O 操作相关的枚举 241
3. File 类 242
4. 字符串的分割 243

任务 2 追加数据与随机访问 244

任务描述 244

任务实施
1. 创建项目和窗体 244
2. 代码的编写 244
3. 程序的运行 245

相关知识
1. Seek() 方法定位 245

    2. Position 属性定位 245
    3. 追加模式 245
  10.2 流的文本读/写 246
  任务 3 通讯录 246
  ■ 任务描述 246
  ■ 任务实施
    1. 创建项目和窗体 246
    2. 代码的编写 247
    3. 程序的运行 248
  ■ 相关知识
    1. 流的文本读/写 248
    2. 读写器的创建 248
    3. 读写器的读和写 249
    4. 读写器的关闭 250

  10.3 流的二进制读/写 250
  任务 4 修改通讯录 250
  ■ 任务描述 250
  ■ 任务实施
    1. 创建项目和窗体 251
    2. 代码的编写 251
    3. 程序的运行 251
  ■ 相关知识
    1. 二进制读写器的创建 252
    2. 二进制读写器的读和写 252

  本章小结 253
  习题 253

第 1 章 初识 C#

本章以编写两个简单的 C#程序作为工作任务，完成对 C#的初步介绍，以及对 Visual Studio 集成开发环境的介绍。

学习目标

- 熟悉 Visual Studio 集成开发环境；
- 掌握 C#应用程序的创建、编译、执行流程；
- 掌握输入与输出的代码表达；
- 了解窗体、控件、事件等概念。

.NET Framework 是微软公司提出的一种新的工作平台，它简化了 Web Service 应用程序的开发。微软公司希望.NET 实现"多语言，单平台……"，即让使用不同编程语言的人，都可以对其进行访问，因此.NET 可以接受 Visual Basic、C#、JScript、J#等 20 余种语言参与编程。

.NET Framework 有两个主要的组件：公共语言运行库（Common Language Runtime，CLR）和.NET Framework 类库（.NET Framework Class Libraries）。

与 Java 类似，为了实现跨平台性，.NET 源程序的编译也采用了一种中间语言，即 MS 中间语言（MS Intermediate Language，MSIL），公共语言运行库负责在计算机上执行编译后的 MSIL 代码，并负责与 Windows（或其他操作系统）及 IIS 交互。

.NET Framework 类库是微软提供的实现大量重要功能的代码库，用户在编制程序时，可以调用库中的函数，降低用户工作的复杂度。

任务 1　第一个控制台应用程序

任务描述

在命令窗口中输出一行文字，显示"Hello C#"，效果如图 1-1 所示。

任务实施

1．创建项目

（1）启动 Visual Studio 2005。

（2）选择"文件"|"新建"|"项目"命令，打开"新建项目"对话框。

（3）在"项目类型"列表框中选择"Windows"；在"模板"列表框中选择"控制台应用程序"；在"名称"文本框中输入"HelloConsole"作为该项目的名称；在"位置"下拉列表框中，可以输入保存项目的路径，也可以单击"浏览"按钮选择路径，如图1-2所示。

图 1-1 输出一行文字　　　　图 1-2 "新建项目"对话框

（4）单击"确定"按钮，完成项目的创建。

2. 代码的编写

在弹出的Program.cs窗口中，已经有相应的代码框架，将如下代码补充进去：

```
//第一个简单的C#控制台应用程序
class HelloConsole
{
    static void Main(string[] args)
    {
        System.Console.WriteLine("Hello C#");   //输出语句
    }
}
```

3. 程序的运行

按【Ctrl + F5】组合键运行该应用程序，验证所显示的内容，按任意键结束程序。

相关知识

1. 类的定义

C#程序是由一个或多个自定义的类组成的，类定义的关键字是class，其定义格式为：

```
class  类名
{
    …
}
```

注意：类名是用户自定义的，本例中为HelloConsole；定义类的大括号要成对出现。

2. Main()方法

C#程序必须包含一个Main()方法，其定义格式必须为：

```
static void Main()
```

```
    {
        …
    }
```

Main()方法是C#程序的入口点，程序的开始和结束都通过该方法实现。Main()方法在类定义的内部声明，关键字 static 是必需的，表明是静态方法；关键字 void 表明该方法在执行完任务后不返回任何参数。方法体界定使用大括号完成。

3. 输入与输出

在编制程序时，通常使用.NET Framework 的公共语言运行库（CLR）提供的输入和输出方法，例如，以下语句：

```
System.Console.WriteLine("Hello C#");
```

该语句的功能是打印双引号之间的字符串。WriteLine()方法是类库中 Console 类的一个输出方法，功能是显示一行文字后，自动回车换行。

与 WriteLine()方法对应的 Console 类的输入方法是 ReadLine()方法，其用法如下：

```
string StrIn;
StrIn=System.Console.ReadLine();
```

ReadLine()方法用于输入字符串，按【Enter】键完成输入。

4. 命名空间

命名空间既是 Visual Studio（以下简称 VS）提供的系统资源的分层组织形式，也是分层组织程序的方式，其原理相当于在程序文件中打了一个包（建立了一个文件夹）。如果几个程序都是同一个命名空间，则这些程序都放到这个文件夹中。命名空间有两种，一种是系统命名空间，另一种是用户自定义命名空间。

系统命名空间是 VS 平台提供的系统预定义的基本数据类型和类（包括方法成员）类型资源，以供用户编制程序时使用。系统命名空间用关键字 using 导入，提供了一种分层方法来管理程序中的元素及类库中的类。代码窗口的最上面有如下语句：

```
using System;
```

该语句说明下面的程序要引用由.NET 类库提供的、名为 System 的命名空间（文件夹），该空间中包含了 Main()方法中用到的 Console 类的定义。

实际上，直接引用命名空间下的类名，代码可以简化为：

```
Console.WriteLine("Hello C#");  //输出语句
```

命名空间的声明不是必需的，只要在使用类时，给出类所在命名空间的所有信息即可，缺点是编写的代码冗长和重复。

用户自定义命名空间使用关键字 namespace 声明，HelloConsole 类实际上也被放在了一个名为 HelloConsole 的命名空间中，可以在代码窗口中看到命名空间的定义如下：

```
namespace HelloConsole
{
    …
}
```

5. 代码注释

对关键性的代码，添加相应的注释是一种良好的编程习惯。C#的注释方法和 C 语言一样，也有单行注释和多行注释两种。单行注释以 "//" 符号开始，到行末结束，例如：

```
//第一个简单的C#控制台应用程序
```

…
System.Console.WriteLine("Hello C#"); //输出语句

多行注释以"/*"开始,并以"*/"结束,例如:
/*多行注释示例
第一个简单的C#控制台应用程序*/

任务扩展

通过本任务的学习,读者应该掌握 C#程序的基本结构,以及控制台的输入和输出操作。

试编写一个简单的控制台应用程序,能够接收键盘输入的字符串,按【Enter】键后显示该字符串。

任务2 第一个 Winform 程序

任务描述

创建一个 Windows 窗体应用程序,如图 1-3 所示,程序完成的功能为:单击"显示"按钮,窗体文本框中显示"Hello C#,这是第一个 Winform 程序。";单击"清除"按钮,清除窗体文本框中的内容。

任务实施

图 1-3 文本框中显示一行文字

1. 创建项目和窗体

(1) 启动 Visual Studio 2005。

(2) 选择"文件"|"新建"|"项目"命令,打开"新建项目"对话框。

(3) 在"项目类型"列表框中选择"Windows";在"模板"列表框中选择"Windows 应用程序";在"名称"文本框中输入"HelloWinform"作为该项目的名称;在"位置"下拉列表框中可以输入保存项目的路径,也可以单击"浏览"按钮选择路径。

(4) 单击"确定"按钮,VS 将创建一个新项目,在 Windows 窗体设计器中显示一个新窗体(Form1)。

(5) 从"工具箱"窗口中,单击 ab Button 控件,并将其拖放到窗体上;单击 abl TextBox控件,并将其拖动到窗体上,让窗体包含一个文本框和两个命令按钮,拖放到合适的位置。选中对应控件,拖曳控件周围的控制柄可以调整控件的大小,如图 1-4 所示。

(6) 按【F4】键显示"属性"窗口。在窗体设计器中,单击 Button1 按钮,在"属性"窗口中,将其"Name"属性设置为"btnShow","Text"属性设置为"显示"。同理,将 Button2 按钮的"Name"属性设置为"btnClear","Text"属性设置为"清除"。

(7) 选中窗体设计器中的 TextBox 控件,在"属性"窗口中,将其"Name"属性设置为"TxtBx","Text"属性设置为空。选中"Mutilline"属性,在下拉列表框中选择"True",设置文本可多行显示。将"TextAlign"属性设置为"Center",设置居中对齐方式。

2. 代码的编写

(1) 双击"显示"按钮,弹出代码编辑器窗口,为"显示"按钮添加 Click 事件处理代码。

在光标所在位置，插入如下代码：
```
private void btnShow_Click(object sender, EventArgs e)
{
    txtBx.Text="Hello C#，这是第一个Winform程序。";  //要插入的代码行
}
```

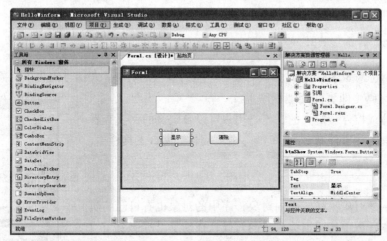

图1-4 Visual Studio集成开发环境

（2）关闭代码编辑器窗口，或单击窗体设计器（Form1.cs[设计]*）的标签，切换回窗体设计器窗口，双击"清除"按钮，为"清除"按钮添加Click事件处理代码。在光标所在位置，插入如下代码：
```
private void btnClear_Click(object sender, EventArgs e)
{
    txtBx.Text="";   //要插入的代码
}
```

3．程序的运行

按【F5】键运行该应用程序，单击"显示"按钮，并验证已显示"Hello C#，这是第一个Winform程序。"；单击"清除"按钮，并验证显示的内容已被清除。关闭Windows窗体返回Visual Studio。

相关知识

1．事件

Windows应用程序常常是由事件驱动的。应用程序并不是从头到尾逐行执行，而是根据发生的事件来执行事件处理过程中的代码段，从而完成程序的运行。事件是用户对控件进行的某些操作，如单击、双击、移动等，当用户做这些动作时，就会触发一个事件，为了处理这个事件，就需要调用相应控件中相应事件的处理程序，事件处理程序实际上是绑定到事件的方法，方法体就是发生该事件时，被认为应该执行的代码段。

本任务中，用户单击"显示"按钮，触发该按钮的Click（单击）事件，程序跳转到"显示"按钮的Click事件处理方法程序段，即btnShow_Click，去执行。

在btnShow_Click事件的处理代码中，只有一句，即：

txtBx.Text="Hello C#，这是第一个Winform程序。";

该语句将文本框控件的"Text"（文本）属性设置为字符串中的内容，即在文本框中显示字符串。

同样地，当用户单击"清除"按钮时，也会触发"清除"按钮的单击事件，在其单击事件处理程序 btnClear_Click 中，将文本框控件的"Text"属性重新置空，即可完成"删除"操作。

```
txtBx.Text="";
```

一般控件的事件处理方法，其基本语法为：

```
objectName_event()
{
    …
}
```

ObjectName 为对象名，event 为该对象可产生的事件的名称，大括号内为该对象的该事件发生时应该执行的代码（即事件处理程序）。

事件是窗体或控件预定义的，不是用户可以自定义的，要查看窗体或控件包含哪些事件时，选中对象，在"属性"窗口工具栏中，单击 按钮即可。

2．属性

就像现实中的对象一样，面向对象程序中的对象也有自己的属性和方法。在本任务中构建窗体对象的时候，拖动了2个按钮和1个文本框控件，这些控件也可以看做对象。按钮和文本框的名称、高度、宽度等是控件的属性，选中控件后，可以在"属性"窗口中，看到该控件所含有的属性值，如图1-5所示，单击相应属性的名称，会在窗口下给出该属性的解释。

图 1-5 "属性"窗口

要为一个对象的属性赋值，有两种可选方式。

第一种，在设计阶段赋值。即在制作窗体时，就在"属性"窗口中设置控件或窗体对应属性的值。这种赋值方式，在程序一开始运行时就会显现出来。

第二种，在运行阶段赋值。在相应控件的事件处理程序中写下对控件的赋值语句，就能在程序运行过程中，动态改变对象的属性值了，属性赋值的一般格式是：

对象名.属性名=值

例如，语句：

```
txtBx.Text="Hello C#,这是第一个Winform程序。";
```

在文本框中显示字符串中的内容。

3．"属性"窗口

该窗口用于查看窗体或窗体设计器中对应控件的属性和方法。选中对象后，按【F4】键，即会显示该窗口，如图1-5所示。

单击"属性"窗口工具栏中的 按钮，窗口中显示对象的属性；单击"属性"窗口工具栏中的 按钮，窗口中显示对象的事件。单击"显示"按钮后，在"属性"窗口中切换为"事件"查看模式时，可以看到其所有事件，在"Click"事件的右侧可以看到字符串 btnShow_Click，说明该事件的事件处理方法名称为 btnShow_Click，如果事件名右侧是空白，则说明该事件还没有编制对应的事件处理方法，如图1-6所示。

4．解决方案资源管理器

解决方案资源管理器为用户提供项目及其包含文件的结构化视图描述，可以通过单击对应的图标，访问项目和相关文件，如图1-7所示。

图 1-6 在"属性"窗口中查看事件

图 1-7 解决方案资源管理器

如果未显示"解决方案资源管理器"窗口,可以在"视图"菜单中选择"解决方案资源管理器"命令,也可以按【Ctrl + Alt + L】组合键将其打开。

要显示窗体 Form1,只需要在"解决方案资源管理器"窗口中,双击 Form1.cs 文件,Form1 窗体就会显示在窗体设计器中。要查看 Form1 的代码,在"解决方案资源管理器"窗口中选中 Form1.cs 后,单击 按钮,即可在代码窗口中打开 Form1 窗体。

任务扩展

通过本任务的学习,读者应该掌握创建简单的 Winform 应用程序的方法,对 VS 集成开发环境有一定的认识,理解事件及事件处理程序,学会属性赋值方法。

对任务 2 进行修改,要求单击"显示"按钮时,文本框的背景颜色变成红色,并用宋体、14 pt 的粗体字显示之前的字符串内容。

本 章 小 结

本章介绍了 C#应用程序的基本结构,命名空间的概念,以及创建 Windows 应用程序的基本流程等。

习 题

1. 说明 Main()方法的作用。
2. 哪个方法可以在命令窗口中显示信息?
3. 设计视图和代码视图的作用是什么?怎样打开这两种视图?
4. "属性"窗口中的属性有哪两种排列顺序?怎样切换?怎样在"属性"窗口切换属性列表与事件列表?怎样在"属性"窗口了解属性和事件的功能?
5. 编写一个简单的控制台应用程序,输入一个字符串,然后将其输出。
6. 编写一个简单的 Windows 应用程序,要求在单击按钮后,在文本框中输出"Windows 应用程序设计",为文本框中的文字选择一种字体,字体大小为 30 磅,字体颜色为黄色,设置文本框为只读,文本框的底色为橘红色,文本框边框风格为单实线,设置窗口标题为"Windows 应用程序"。

第 2 章 C#语言基础

本章主要介绍 C#语言中的变量和常量，基本数据类型的使用，以及对象型数据的创建和使用。

学习目标

- 掌握变量和常量的概念、声明和使用方法；
- 了解数值型数据的分类和特点，掌握常用数据类型的使用方法；
- 掌握字符型数据的特点和使用方法；
- 掌握各类运算符的使用方法；
- 初步掌握对象型数据的创建和使用方法。

2.1 变量与常量

变量是指在程序运行过程中，其值可以随时间发生变化的量，它是数据的临时存放场所。变量所占用的内存空间，可以比喻成一个一个的"抽屉"，变量名就是贴在每个"抽屉"外的"标签"。给变量赋值，即将该数据存放在对应变量名所指向的"抽屉"里，如果再次给同一个变量赋值，即把"抽屉"里的原有数据取出，换上新的数据，新的数据覆盖旧的数据。

变量名采用标识符形式，C#语言中的变量名、常量名、方法名、数组名、类名、属性名等都用标识符来表示。标识符的组成有一定的规则：首先，标识符必须以字母或下画线（_）开头；其次，标识符字符串中只能包含字母、数字、下画线符号。C#语言是对大小写敏感的语言，即 Sum 和 SUM 会被看做不同的变量名。

C#语言中的变量必须先声明，后使用，其声明格式为：

数据类型　变量名；

变量的声明和赋值可以分开进行，也可以同时进行，例如：int a; a=50; 与 int a=50; 是等价的。与 C 语言类似，一条语句以 ";" 号结束，多条语句可以写在一行中。

常量是在程序运行过程中，其值不会发生变化的量。常量有直接常量和符号常量两种。直接常量，即数据值本身，如 12,-3.5E+20, 'A', "132", true（布尔常量，表示"真"）,false（布尔常量，表示"假"）等。为了方便代码的阅读，我们常用一个标识符来表示不变的常量，这就是符号常量，符号常量也有其数据类型，声明格式如下：

const　数据类型　常量名=常量表达式；

如 const int WorkDays=200; 即声明了一个常量 WorkDays，程序中出现这个标识符的地方，编译时就会用数字200代替。尽管常量与变量类似，都用标识符命名，但常量赋值后是不能更改或重新赋值的。

任务1　计算体脂指数 BMI

任务描述

BMI 是世界上公认的一种评定肥胖程度的分级方法，目前世界卫生组织（WHO）也以 BMI 对肥胖或超重进行定义：BMI＝体重/身高^2，体重单位为千克（kg），身高单位为米（m）。BMI 指数为 18.5～24.9 时属正常。

要解决该问题，可以使用 3 个变量：bmi、w、h。变量 w 存放体重的值，变量 h 存放身高的值，bmi 存放计算得到的身高体重指数，它们都是单精度浮点数。

任务实施

1. 创建项目

（1）启动 Visual Studio 2005，选择"文件"|"新建"|"项目"命令，打开"新建项目"对话框。

（2）在"项目类型"列表框中选择"Windows"；在"模板"列表框中选择"空项目"；在"名称"文本框中输入"Test1"作为该项目的名称；在"位置"下拉列表框中可以输入保存项目的路径，也可以单击"浏览"按钮选择路径。

（3）单击"确定"按钮，完成项目的创建。确保已打开"解决方案资源管理器"窗口，若没有，可使用"视图"菜单或【Ctrl+Alt+L】组合键打开。

2. 代码的编写

（1）在"解决方案资源管理器"窗口中，右击"Test1"项目，在快捷菜单中选择"添加"|"新建项"命令，在弹出的"添加新项"对话框的"模板"列表框中选择"代码文件"，在"名称"文本框中输入"Test1.CS"，如图 2-1 所示。

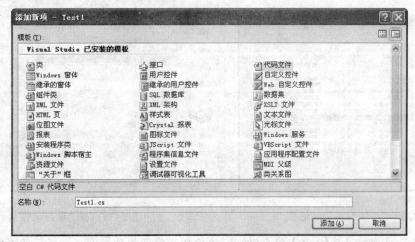

图 2-1　"添加新项"对话框

（2）单击"添加"按钮，在弹出的代码窗口中，输入如下代码：

```csharp
using System.Windows.Forms;
public class Test1
{
    static void Main()
    {
        float bmi;
        float w;
        float h;
        string title1="第一次结果";
        string title2="第二次结果";
        w=60f;
        h=1.65f;
        bmi=w/(h*h);
        MessageBox.Show("身高="+h+"\n"+"体重="+w+"\n"+"BMI="+bmi,title1);
        w=80f;
        h=1.78f;
        bmi=w/(h*h);
        MessageBox.Show("身高="+h+"\n"+"体重="+w+"\n"+"BMI="+bmi,title2);
    }
}
```

3．程序的运行

（1）在"解决方案资源管理器"窗口中，右击"引用"，在快捷菜单中选择"添加引用"命令，在弹出的"添加引用"对话框中，选择".NET"选项卡，在选项卡的列表框中双击"System.Windows.Forms.dll"，如图 2-2 所示。

（2）在"解决方案资源管理器"窗口中，右击"Test1"项目，在快捷菜单中选择"属性"命令，在弹出的 Test1 项目属性页中，将"输出类型"设置为"Windows 应用程序"，如图 2-3 所示。

图 2-2　"添加引用"对话框

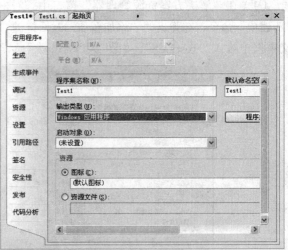

图 2-3　Test1 项目属性页

（3）按【F5】键或【Ctrl+F5】组合键运行该应用程序，得到如图 2-4 所示的输出结果。

相关知识

1. 类的定义和变量的声明

每个 C#程序至少含有一个类的定义,程序中 public class Test1 用来声明 Test1 类的定义,类的定义体以左大括号"{"开始,以右大括号"}"结束。

```
float bmi;
float w;
float h;
```

图 2-4　计算 BMI 的程序运行结果

声明了 3 个变量,每个变量对应内存中的某个存储位置,这 3 个变量被声明为 float 型(浮点型),意味着存放实数型数据,同一类型的变量可以在一个声明语句中声明,变量间用逗号隔开,如上面 3 条声明语句与下面的语句等效:

```
float bmi,w,h;
```

title1 和 title2 为 string 类型变量,被初始化为两个字符串,即变量的声明和赋初值可以同时进行。

2. MessageBox 类

MessageBox 类是显示可包含文本、按钮等的消息对话框类,其显示函数 Show()是一个静态方法,静态方法的调用一般通过类名后加上点操作符"."和方法名来实现,常见格式为 MessageBox.Show(text,title),text 参数是要在消息对话框中显示的字符串,title 参数是消息对话框标题栏中要显示的字符串,例如:

```
MessageBox.Show("身高= "+h+"\n"+"体重="+w+"\n"+"BMI ="+bmi,title1);
```

这里的 text 参数为字符串表达式"身高= "+h+"\n"+"体重="+w+"\n"+"BMI = "+bmi 的值,title 参数为字符串变量 title1 的值"第一次结果"。

由于 MessageBox 类是.NET 框架类库中的类,位于 System.Windows.Forms.dll 程序集中,因此要在自己编制的程序中使用,就必须添加对该程序集的一个引用,同时在代码的最上方导入其所在命名空间。

```
using System.Windows.Forms;
```

3. 字符串运算符

字符串运算符只有一个,即"+"运算符,表示将两个字符串连接起来。消息对话框中的第一个参数是一个字符串表达式(用"+"把字符串变量、字符串常量、字符串方法等连接在一起的式子):

```
"身高="+h+"\n"+"体重="+w+"\n"+"BMI="+bmi
```

运算符"+"将字符串和变量连接在一起,"\n"是换行符。在连接字符串时,C#语言会自动将变量的值与字符串相连,以第一次运算为例,上面这个字符串表达式等价于:

```
身高=1.65
体重=60
BMI=22.03857
```

C#语言允许将字符串与数值型数据进行连接,连接时,数值型数据被隐式转换为字符串,例如"1"+19 表达式的结果为"119"。其中的数值 19 被隐式转换为字符串"19"。

4. 变量值的覆盖

从程序中可以看出,3 个变量 bmi、h 和 w,在两次运算中分别被赋值两次,也就是说,变量可以被多次赋值,变量中保存的只能是最近一次被赋予的内容。

2.2 基本数据类型

基本数据类型是系统预定义的数据类型，也叫内置数据类型。根据数据的性质，可以分为 4 类：数值型数据、字符型数据、布尔（逻辑）型数据和对象型数据。

2.2.1 数值类型

数值类型有整数类型与实数类型两种，前者不带小数，后者带小数。整数型数据类型如表 2-1 所示，表内，1B=Bbit。

表 2-1 整数型数据类型

数据类型	数据范围	有无符号	占用空间/B	应用示例	.NET 等价类
byte	0～255 间的整数	无	1	byte val=100;	System.Byte
sbyte	−128～127 间的整数	有	1	byte val=−20;	System.SByte
short	−32 768～32 767 间的整数	有	2	short val=−2300;	System.Int16
ushort	0～65 535 间的整数	无	2	ushort val=7000;	System.UInt16
int	−2 147 483 648～2 147 483 647 间的整数	有	4	int val=32;	System.Int32
uint	0～4 294 967 295 间的整数	无	4	uint val1=10; uint val2=32U;	System.UInt32
long	−9 223 372 036 854 775 808～9 223 372 036 854 775 807 间的整数	有	8	long val1=10; long val2=32L;	System.Int64

ulong	0～18 446 744 073 709 551 615 间的整数	无	8	ulong val1=10;
				ulong val2=32U;
				ulong val3=87L;
				ulong val4=92UL;
					System.UInt64

在定义变量时，int a;与 Int32 a;效果一样，int 是 Int32 类型的别称，其他数据类型与其.NET 类型也是等价的。

实数类型包括 float（单精度浮点型）、double（双精度浮点型）、decimal（十进制型）等，如表 2-2 所示。

表 2-2 实数型数据类型

数据类型	数据范围	有无符号	占用空间/B	应用示例	.NET 等价类
float	$\pm 1.5 \times 10^{-45} \sim \pm 3.4 \times 10^{38}$	有	4	float val = 2.57F;	System.Single
double	$\pm 5.0 \times 10^{-324} \sim \pm 1.7 \times 10^{308}$	有	8	double val1 = 2.57; double val2 = 3.3D;	System.Double
decimal	$1.0 \times 10^{-28} \sim 7.9 \times 10^{28}$	无	12	decimal val=1.25M;	System.Decimal

float 可表示的精度为 7 位；double 可表示的精度为 15 位或 16 位；decimal 可表示的精度为 28 位或 29 位，适合财务和货币计算。

任务 2 BMI 计算器的改进 1

任务描述

对任务 1 中的 BMI 计算器进行改进,要求能够让用户手动输入参数,得到计算结果。运行窗体界面如图 2-5 所示。

任务实施

1. 创建项目和窗体

(1)启动 Visual Studio,单击"文件"菜单,选择"新建"|"项目"命令,打开"新建项目"对话框。在"项目类型"列表框中选择"Windows";在"模板"列表框中选择"Windows 应用程序";在"名称"文本框中输入"Test2"作为该项目的名称;在"位置"下拉列表框中可以输入保存项目的路径,也可以单击"浏览"按钮选择路径。

图 2-5 BMI 计算器

(2)单击"确定"按钮,VS 将创建一个新项目,在 Windows 窗体设计器中显示一个新窗体(Form1)。

(3)从"工具箱"窗口中,单击 Button 控件,并将其拖放到窗体上;单击 TextBox 控件,并将其拖动到窗体上,让窗体包含有 3 个文本框和 2 个命令按钮,再拖动 3 个 Label 控件到窗体上,调整控件位置,如图 2-6 所示,控件属性值如表 2-3 所示。

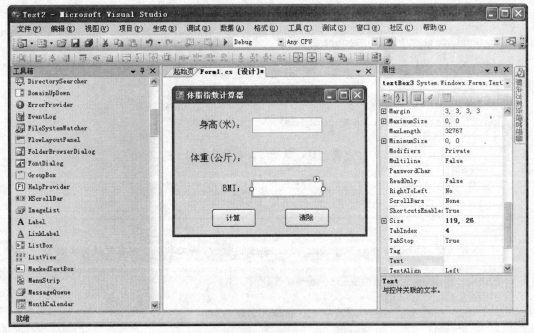

图 2-6 改进后的 BMI 计算器布局

表 2-3 窗体控件的属性值

对象类型	对象名	属性	值	备注
窗体	Form1	Text	体脂指数计算器	
标签	label1	Text	身高（m）：	
		Font	宋体，12pt	
	label2	Text	体重（kg）：	
	label3	Text	BMI：	
文本框	textBox1	Text		"身高"，待填
	textBox2	Text		"体重"，待填
	textBox3	Text		
		ReadOnly	True	只显示结果
按钮	button1	Text	计算	
	button2	Text	清除	

2. 代码的编写

（1）双击"计算"按钮，弹出代码编辑器窗口，为"计算"按钮添加 Click 事件处理代码。在光标所在位置，插入如下代码：

```
private void button1_Click(object sender, EventArgs e)
{
    float height, weight;                      //身高 height，体重 weight
    float bmi=0;                               //体脂指数 bmi 变量
    try
    {
        height=Single.Parse(textBox1.Text);   //将文本框1的内容转换为实数
    }
    catch(System.FormatException)
    {
        MessageBox.Show("身高一栏，请输入实数");
        return;
    }
    catch(System.OverflowException)
    {
        MessageBox.Show("身高一栏，数字超出表示范围");
        return;
    }
    try
    {
        weight=Single.Parse(textBox2.Text);   //将文本框2内容转换为实数
    }
    catch(System.FormatException)
    {
        MessageBox.Show("体重一栏，请输入实数");
        return;
    }
    catch(System.OverflowException)
    {
```

```
        MessageBox.Show("体重一栏,数字超出表示范围");
        return;
    }

    try
    {
        bmi=weight/(height*height);              //计算体脂指数
    }
    catch(System.OverflowException)
    {
        MessageBox.Show("计算的 BMI 超出浮点数表示范围");
        return;
    }
    textBox3.Text=bmi.ToString();                //在文本框 3 中显示 BMI
}
```

(2)切换回窗体设计器窗口,双击"清除"按钮,为"清除"按钮添加 Click 事件处理代码。在光标所在位置,插入如下代码:

```
private void button2_Click(object sender, EventArgs e)
{
    textBox1.Text="";
    textBox2.Text="";
    textBox3.Text="";
}
```

3.程序的运行

按【F5】键运行该应用程序,在"身高""体重"文本框中输入数据,单击"计算"按钮,验证程序计算结果。单击"清除"按钮,并验证显示内容的清除。关闭 Windows 窗体,返回 Visual Studio。

相关知识

1.数字字符串转换为数字

文本框中输入的数字以字符串形式保存,要参与运算,需要将字符串转换成相应形式的数字。本任务中采用的是实数,因此用单精度浮点数据类 System.Single 的 Parse()方法将数字字符串转换为单精度浮点数。

其他数据类型也有相应的字符串转换为数字的方法,为 Parse()。如,将文本框 1 的内容赋给一个整型变量,可以写成:

```
int val=Int32.Parse(textBox1.Text);
```

也可以用 Convert 类的相应转换函数,写成:

```
int val=Convert.ToInt32(textBox1.Text);
```

2.捕获异常及处理异常

对可能发生错误的代码段,可以使用 try 语句块将代码段包含起来,用 catch 语句捕获可能发生的指定的异常情况。一个 try 语句块,可以有多个 catch 语句与之对应,每个 catch 语句捕获一种可能发生的异常情况。

任务中要将文本框 1 的内容赋给一个浮点型变量时,使用如下语句:

```
try
{
```

```
        height=Single.Parse(textBox1.Text);  //将文本框1的内容转换为实数
    }
    catch(System.FormatException)
    {
        MessageBox.Show("身高一栏,请输入实数");
        return;
    }
    catch(System.OverflowException)
    {
        MessageBox.Show("身高一栏,数字超出表示范围");
        return;
    }
```

在类型转换的过程中,Single.Parse()方法可能会产生异常,因此用 try 语句块将其包含起来,紧跟着在后面给出了两个可能出现的异常的解决办法。

当用户在文本框 1 中输入的是诸如 SD234 的含有非数字字符的字符串时,在转换过程中会产生 FormatException(格式异常),紧挨着 try 语句块的 catch 语句就能够捕获这个异常,用消息对话框显示提示信息。

当用户在文本框 1 中输入的数字超出了 float 型能够表示的范围时,在转换时会产生 OverflowException(溢出异常),这时第二个 catch 语句就能捕获它,并进行相应的处理。

针对整型数据的算术运算和转换时的溢出异常,可以用 checked 和 unchecked 语句块来控制要不要捕捉。设 val1、val2、result 都是 int 型变量,则 result=checked(val1*val2)语句在执行时,若 val1 与 val2 的乘积超出了 int 型变量能够表示的范围,就会抛出 OverflowException,产生算术溢出异常;而如果用的是 result=unchecked(val1*val2),那么即便有溢出发生,也不会抛出溢出异常,超出的数据直接被舍弃。

3. 算术运算

算术运算符有一元运算符和二元运算符两种。

一元运算符:-(取负)、+(取正)、++(增量)、--(减量)。

二元运算符:+(加)、-(减)、*(乘)、/(除)、%(求余)。

说明:

① 增量与减量运算符只能用于变量,不能用于常量。可以放在操作数的左侧或右侧,表示操作数增 1 或减 1。

② 求余运算,得到的结果是整数做除法后得到的余数,如 13%7,得到的结果应该是 13 与 7 相除的余数 6。%运算也支持实型数据,如 7.5%2.5,等价为 8%3,结果为 2。

③ 除法运算中,如果两个操作数都是整数,结果也是整数,小数部分被舍去;如果其中一个操作数或两个操作数都为 float 或 double 型,结果就为实数。例如,37/2 结果为 18,37/2.0 结果为 18.5。

2.2.2 字符类型

字符型(char)数据用来处理 Unicode 字符。Unicode 字符集是一种通用字符编码标准,涵盖了世界上多种语言、古文、专业符号等。

Unicode 编码用 16 个二进制位（2B）来编码字符，因此一个 char 型数据占用 2B，char 型数据取值范围是 0～65 535。

任务3　转换成大写字母

任务描述

从键盘输入一个字符，当判断其为字母字符时，将其转换为大写字母，如图 2-7 所示，否则弹出对话框，提示输入字母。

任务实施

1. 创建项目和窗体

（1）创建一个名为"Test3"的"Windows 应用程序"项目。

（2）从"工具箱"窗口中，单击 Button 控件，并将其拖放到

图 2-7　大写字母转换

窗体上；单击 TextBox 控件，并将其拖动到窗体上，让窗体包含有两个文本框和一个命令按钮，再拖动两个 Label 控件到窗体上，调整控件位置，如图 2-8 所示，控件的属性值如表 2-4 所示。

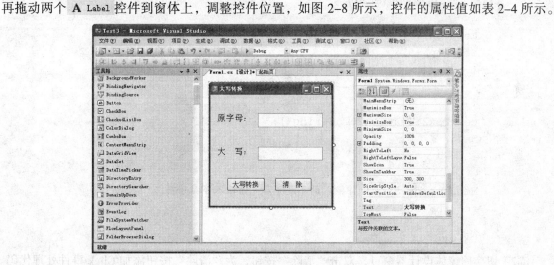

图 2-8　大写转换

表 2-4　窗体控件的属性值

对象类型	对 象 名	属　　性	值
窗体	Form1	Text	大写转换
标签	label1	Text	原字母：
	label2	Text	大　写：
文本框	textBox1	Text	
	textBox2	Text	
按钮	button1	Text	大写转换
	button2	Text	清　除

2．代码的编写

（1）双击"大写转换"按钮，弹出代码编辑器窗口，为"大写转换"按钮添加 Click 事件处理代码。在光标所在位置，插入如下代码：

```
private void button1_Click(object sender, EventArgs e)
{
    char ch1, ch2;
    int temp;
    try
    {
        ch1=char.Parse(textBox1.Text);
    }
    catch(System.FormatException)
    {
        MessageBox.Show("只能输入一个字符，请修改");
        return;
    }
    ch2=ch1;
    if(char.IsLetter(ch1))
    {
        temp=ch1;
        if(temp>=97)
        {
            ch2=(char)(temp-32);
        }
        textBox2.Text=ch2.ToString();
    }
    else
    {
        MessageBox.Show("你输入的不是字母，请输入字母字符。");
        return;
    }
}
```

（2）切换回窗体设计器窗口，双击"清除"按钮，为"清除"按钮添加 Click 事件处理代码。在光标所在位置，插入如下代码：

```
private void button2_Click(object sender, EventArgs e)
{
    textBox1.Text="";
    textBox2.Text="";
}
```

3．程序的运行

按【F5】键运行该应用程序，在"原字母"文本框中输入一个字母，单击"大写转换"按钮，在"大写"文本框中即得到该字母的大写形式，如图 2-7 所示。当输入的字符不是字母或输入的字符多于 1 个时，就得到图 2-9 所示的提示对话框。

图 2-9 "大写转换"错误提示对话框

相关知识

1. 字符串与字符型数据的转换

char.Parse(str)方法，将指定字符串 str 的值转换为等效的 Unicode 字符，即 char 类型数据。如果 str 包含不止一个字符，该方法在执行过程中就会抛出 FormatException。

```
ch1=char.Parse(textBox1.Text);
```

语句将文本框 1 中的字符串转换为字符，并赋给 ch1 变量，因为可能抛出异常，所以此语句放在 try 语句块中。

反过来，如果要将字符型数据转换为字符串，就需要用到 char.ToString()方法。文本框 2 在显示转换得到的大写字母时，需要显示字符串，而转换后的 ch2 是字符变量，所以用到了如下语句：

```
textBox2.Text=ch2.ToString();
```

各种类型的数据要转换为字符串时，往往都可以用各自类型类的 ToString()方法。

2. char.IsLetter()方法

该方法可以判定作为参数的字符表达式，其 Unicode 值对应的是否是字母，是则返回 true；否则返回 false。任务中用 char.IsLetter(ch1)来判断 ch1 变量中保存的是否是字母，即用户是否在文本框 1 中输入了字母，然后再根据判断结果分别进行处理。

char 类还有一个与该方法类似的 char.IsDigit()方法，该方法可以判断参数字符表达式对应的 Unicode 值是否表示一个十进制数字。

3. 字符型与数值型数据的转换

由于 char 类型保存的数据实际上就是整型数据，所以可以把 char 类型数据直接转换（隐式转换）为整型数据。

```
int temp;
temp=ch1;
```

但是反过来，数值型数据不能直接转换（隐式转换）为 char 类型数据，必须进行强制转换，如以下语句将整型变量 temp 的值减去 32 后，得到的数字转换为等效的 Unicode 字符：

```
ch2=(char)(temp-32);
```

4. 基本数据类型的相互转换

数据从一种数据类型变为另外一种数据类型的过程称为数据类型转换。数据类型的转换可以分为两种：隐式转换和显示转换。

（1）隐式转换。

隐式转换的一般规律是"变大，变准确"。所谓"变大"，是指占用空间小的数值数据类型可以直接转换为占用空间大的数值数据类型，比如整型可隐式转换为任何其他的数值类型（单、双精度浮点型，decimal 型）；同为整型或浮点型，精度低的可以向精度高的转换。

所谓"变准确"，是指操作数参加运算时，如果操作数里有某个操作数精度较高，那么其他操作数及计算结果都向这个高精度的数据类型靠拢。比如算术运算中，如果一个操作数是 int 型，一个是 float 型，那么 int 型数据会被隐式转换为 float 型，得到的结果也是 float 型。

（2）显式转换。

显式转换也叫做强制转换，是指通过程序代码使用专门的格式或调用转换方法来改变数据的类型。显式转换的一般格式如下：

（数据类型名称）数据

例如：

```
float x=1.23f;
int y=(int) x;
```

2.2.3 布尔类型

bool 类型表示逻辑量，对于"真/假"、"是/否"、"开/关"等信息量的表示可以用 bool 类型。bool 类型的取值只能是"true"（真）或"false"（假），占用 1 个字节。

关系运算或逻辑运算返回的结果都是 bool 类型的。

1. 关系运算

关系运算符用于比较两个操作数之间的关系，若关系成立，则返回一个逻辑真（true）值，否则返回一个逻辑假（false）值。

关系运算符共有 6 种：>、<、>=、<=、==、!=，依次为大于、小于、大于或等于、小于或等于、等于、不等于。注意：凡是由两个符号构成的运算符，使用时两个符号之间不能有空格。

在进行比较时，如果两个操作数都是数值型，则按大小比较即可；如果两个操作数都是字符型，则按照 Unicode 值从左到右逐个比较。例如：

```
9>4          //结果为 true
a>b          //结果为 false，因为'b'的 Unicode 码值大于'a'
"abcd"=="abdc"    //结果为 false
```

2. 逻辑运算

逻辑运算符用于对操作数（表达式或数值）进行逻辑运算，得到的结果只能是 true 或 false。C#中最常用的逻辑运算符有！（非）、&&（与）、||（或）。

！（非运算）：用于求原布尔值的相反值。

&&（与运算）：当运算符两侧的表达式布尔值都为真时，与运算结果为真；否则与运算结果为假。

||（或运算）：当运算符两侧的表达式布尔值中至少有一个为真时，或运算结果为真；否则或运算结果为假。例如：

```
! true        //结果为 false
5>3&&2>4      //结果为 false，因为 2>4 结果为 false
5>3||2>4      //结果为 true，因为 5>3 结果为 true
```

任务4 BMI 计算器的改进2

任务描述

对任务2中的 BMI 计算器进行改进，对计算出的 BMI 值，能够给出肥胖程度的判断。运行窗体界面如图 2-10 所示。根据 BMI 值的大小，可以确定被测者的身体状况，根据中国的标准：偏瘦为 BMI<18.5；正常范围为 18.5≤BMI<24；偏胖为 24≤BMI<27；肥胖为 27≤BMI<30；重度肥胖为 30≤BMI<35；极重度肥胖为 BMI≥35。

图 2-10　BMI 计算器

任务实施

1. 创建项目和窗体

打开任务2的项目"Test2"，再添加一个标签和一个文本框，如图 2-11 所示，相关控件的属性设置如表 2-5 所示。

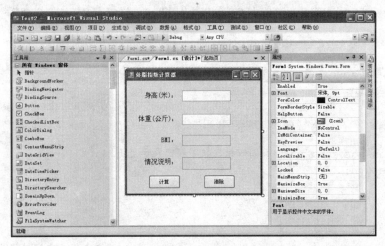

图 2-11　改进后的 BMI 计算器布局

表 2-5　窗体控件的属性值

对象类型	对象名	属　性	值	备　注
窗体	Form1	Text	体脂指数计算器	
标签	label1	Text	身高（m）：	
		Font	宋体，12pt	
	label2	Text	体重（kg）：	
	label3	Text	BMI：	
	label4	Text	情况说明：	
文本框	textBox1	Text		"身高"，待填

续表

对象类型	对象名	属性	值	备注
	textBox2	Text		"体重",待填
	textBox3	Text		
		ReadOnly	True	只显示结果
	textBox4	Text		
		ReadOnly	True	只显示结果

2. 代码的编写

（1）双击"计算"按钮，弹出代码编辑器窗口，为"计算"按钮添加 Click 事件处理代码，新添加的代码部分用灰色底纹突出显示：

```csharp
private void button1_Click(object sender, EventArgs e)
{
    float height, weight;                   //身高 height，体重 weight
    float bmi=0;                            //体脂指数 bmi 变量
    string str="";
    try
    {
        height=Single.Parse(textBox1.Text); //将文本框1的内容转换为实数
    }
    catch(System.FormatException)
    {
        MessageBox.Show("身高一栏，请输入实数");
        return;
    }
    catch(System.OverflowException)
    {
        MessageBox.Show("身高一栏，数字超出表示范围");
        return;
    }

    try
    {
        weight=Single.Parse(textBox2.Text); //将文本框2内容转换为实数
    }
    catch(System.FormatException)
    {
        MessageBox.Show("体重一栏，请输入实数");
        return;
    }
    catch(System.OverflowException)
    {
        MessageBox.Show("体重一栏，数字超出表示范围");
        return;
    }

    try
    {
```

```
    bmi=weight/(height*height);              //计算体脂指数
}
catch(System.OverflowException)
{
    MessageBox.Show("计算的BMI超出浮点数表示范围");
    return;
}
textBox3.Text=bmi.ToString();                //在文本框3中显示BMI
if (bmi<18.5)
    str="偏瘦";
else if (18.5<=bmi&&bmi<24)
    str="正常";
else if (24<=bmi&&bmi<27)
    str="偏胖";
else if (27<=bmi&&bmi<30)
    str="肥胖";
else if (30<=bmi&&bmi<35)
    str="重度肥胖";
else
    str="极重度肥胖";
textBox4.Text=str;
```

}

（2）切换回窗体设计器窗口，双击"清除"按钮，为"清除"按钮添加Click事件处理代码。新添加的代码部分用灰色底纹突出显示：

```
private void button2_Click(object sender, EventArgs e)
{
    textBox1.Text="";
    textBox2.Text="";
    textBox3.Text="";
    textBox4.Text="";
}
```

3．程序的运行

按【F5】键运行该应用程序，在"身高"、"体重"文本框中输入数据，单击"计算"按钮，验证程序计算结果。单击"清除"按钮，并验证显示内容的清除。关闭Windows窗体，返回Visual Studio。

相关知识

1．运算符的优先级和结合性

在添加的代码中，if语句的条件表达式如下所示：
else if(18.5<=bmi&&bmi<24)
    str="正常";

表达式"18.5<=bmi&&bmi<24"应该先计算哪个运算符，后计算哪个运算符，是根据运算符优先级决定的，而不是从左到右依次计算。

优先级，是指当一个表达式中出现不同的运算符时，先进行何种运算。运算符的优先级如表2-6所示。

表 2-6 运算符的优先级

优 先 级	类 别	运 算 符
1	一元运算符	+（取正） -（取负） !（非） ++x（前增量） --x（前减量）
2	乘、除、求余运算符	* / %
3	加减运算符	+ -
4	关系运算符	> < <= >=
5	关系运算符	== !=
6	逻辑与运算符	&&
7	逻辑或运算符	||
8	条件运算符	? :
9	赋值运算符	= *= /= %= += -= <<= >>= &= ^= !=

结合性，是指当一个表达式中出现两个以上的同级运算符时，运算符的先后规则。在多个同级运算符中，赋值运算符与条件运算符是由右向左结合的，除赋值运算符之外的二元运算符是由左向右结合的。例如，a‖b‖c 是按(a‖b)‖c 的顺序运算的，而 a=b=c 则是按照 a=(b=c)的顺序运算（赋值）的。

为了使表达式按正确的顺序进行运算，避免实际运算顺序不符合设计要求，同时为了提高表达式的可读性，可以使用圆括号明确运算顺序。括号内的先运算，括号外的后运算，不受优先级和结合性影响。

2. 条件运算符

由运算符"?"与":"组成的表达式为条件表达式，条件运算符是 C#中唯一的三元运算符。其一般格式为：

布尔类型表达式?表达式1:表达式2

首先计算"布尔类型表达式"，如果为 true，则整个表达式的运算是结果为"表达式1"的值；如果为 false，则表达式运算结果为"表达式2"的值。例如：

```
int a=2,b=3,max;
max=a>b?a:b;   //max 的值是 3
```

3. 赋值运算符

赋值运算符除了简单的"="以外，还有一种复合赋值运算符，如*=、/=、%=、+=、-=等，例如：

```
int i=3,j=5;
i+=j;     //等价于 i=i+j，执行后，i 的值是 8
```

2.2.4 对象类型

类是 C#程序设计的基本单位。用类声明的变量叫做类的实例，也叫做类的对象。在介绍面向对象的概念之前，其实类也可以看做一种数据类型，这种数据类型与基本数据类型（int、float、char 等）不同的是，它将数据与对数据的操作作为一个整体来定义。由于类的数据类型本质，使得类声明的对象，本质上也可以看做一种变量。

C#中类的数据类型可以分为两种：一种是系统提供并预先定义的，保存在.NET 框架类库中；另一种是用户自定义数据类型。在前面的章节中，实际上已经用到了 MessageBox 类、String 类等预定义类对象，本小节对一些常用预定义类类型进行介绍。

1. DateTime 类（日期时间类）

System.DataTime 类提供了一些常用的日期时间方法与属性，如果要使用当前时间建立操作，可以用该类的 Now 属性及其方法。日期时间类的 Now 属性的常用方法格式如下：

DateTime.Now.方法名称(参数列表)

日期时间类的 Now 属性的常用属性格式如下：

DataTime.Now.属性名称

以 2009 年 12 月 30 日，星期一，17 时 38 分 45 秒为当前日期时间，则日期时间类的 Now 属性的常用方法与属性如表 2-7 所示。

表 2-7 DateTime 类常用方法与属性

方法与属性格式	功能说明	用法示例	示例结果
DateTime.Now.ToLongDataString()	获取当前日期字符串	DateTime.Now.ToLongDataString()	2009 年 12 月 30 日
DateTime.Now.ToLongTimeString()	获取当前时间字符串	DateTime.Now.ToLongTimeString()	17:38:45
DateTime.Now.ToShortDataString()	获取当前日期字符串	DateTime.Now.ToShortDataString()	2009-12-30
DateTime.Now.ToShortTimeString()	获取当前时间字符串	DateTime.Now.ToShortTimeString()	17:38
DateTime.Now.Year	获取当前年份	DateTime.Now.Year	2009
DateTime.Now.Month	获取当前月份	DateTime.Now.Month	12
DateTime.Now.Day	获取当前日期	DateTime.Now.Day	30
DateTime.Now.Hour	获取当前小时	DateTime.Now.Hour	17
DateTime.Now.Minute	获取当前分	DateTime.Now.Minute	38
DateTime.Now.Second	获取当前秒	DateTime.Now.Second	45
DateTime.Now.DayOfWeek	当前为星期几	DateTime.Now.DayOfWeek	Wednesday
DateTime.Now.DayOfYear	当前为一年中的第几天	DateTime.Now.DayOfYear	364
DateTime.Now.AddDays(天为单位的双精度实数)	增减天数后的日期	DateTime.Now.Add(-1.5)	2009-12-29 5:38:45

2. Convert 类（转换类）

Convert 类提供了常用的字符串转换为其他数据类型，以及其他数据类型转换为字符串的方法，如表 2-8 所示。

表 2-8 Convert 类常用的方法

方法与属性的格式	功能说明	应用示例	示例结果
Convert.ToBoolean(数字字符串)	数字字符串转换为布尔型	Convert.ToBoolean(35)	true
Convert.ToBoolean(字符串)	字符串转换为布尔型	Convert.ToBoolean("false")	false
Convert.ToByte(数字字符串)	字符串转换为无符号字节型数值	Convert.ToByte("321")	321
Convert.ToChar(整型值)	整形数值转换 ASCII 码值为对应的字符	Convert.ToChar(65)	A
Convert.ToDateTime(日期格式字符串)	字符串转换为日期时间	Convert.ToDateTime("2009-12-12 20:15:47")	2009-12-12 20:15:47
Convert.ToDecimal(数字字符串)	字符串转换为十进制型数值	Convert.ToDecimal("321.64")	321.64
Convert.ToDouble(数字字符串)	字符串转换为双精度型数值	Convert.ToDouble("321.64")	321.64

续表

方法与属性的格式	功能说明	应用示例	示例结果
Convert.ToInt16(数字字符串)	字符串转换为短整型数值	Convert.ToInt16("-123")	-123
Convert.ToInt32(数字字符串)	字符串转换为整型数值	Convert.ToInt32("-123")	-123
Convert.ToInt64(数字字符串)	字符串转换为长整型数值	Convert.ToInt64("-123")	-123
Convert.ToSByte(数字字符串)	字符串转换为有符号字节型数值	Convert.ToSByte("-123")	-123
Convert.ToSingle(数字字符串)	字符串转换为浮点型数值	Convert.ToSingle("123.45")	123.45
Convert.ToUInt16(数字字符串)	字符串转换为无符号短整型数值	Convert.ToUInt16("123")	123
Convert.ToUInt32(数字字符串)	字符串转换为无符号整型数值	Convert.ToUInt32("123")	123
Convert.ToUInt64(数字字符串)	字符串转换为长整型数值	Convert.ToUInt64("123")	123
Convert.ToString(各种类型数据)	其他各类型数据转换为字符串	Convert.ToString(123)	"123"

3. String 类（字符串类型）

String 类是 .NET 类库中的一个预定义类，它也有很多关于字符串本身的方法和属性可以使用，如表 2-9 所示，这些方法很多都不是静态方法，需要实例化一个 String 对象后，通过"对象名.方法名"的方式来调用。

表 2-9 String 类常用方法和属性

方法与属性格式	功能说明	应用示例	示例结果
源字符串.CompareTo(目标字符串)	字符串比较，源串大于目标串返回值大于 0，等于目标串为 0，小于目标串返回值小于 0	设 s=" abCD" s.CompareTo("abCD") s.CompareTo(" abCD") "abCD".CompareTo(s)	返回值<0 0 返回值>0
字符串.IndexOf(子串，查找起始位置)	查找指定子串在字符串中的位置	s.IndexOf("b",0)	3
字符串.Insert(插入位置，插入子串)	在指定位置插入子串	s.Insert(4,"88")	ab88CD
字符串.LastIndexOf(子串)	指定子串最后一次出现的位置	s.LastIndexOf("D")	5
字符串.Length	字符串中的字符数	s.Length	6
字符串.Remove(起始位置，移除字符数)	移除子串	s.Remove(3,2)	aD
字符串.Replace(源子串，替换子串)	替换子串	s.Replace("bC","88")	a88D
字符串.SubString(截取起始位置)	截取子串	s.SubString(3)	bCD
字符串.SubString(截取起始位置，截取字符数)	截取子串	s.SubString(3,2)	bC
字符串.ToLower()	字符串转小写	s.ToLower()	abcd
字符串.ToUpper()	字符串转大写	s.ToUpper()	ABCD
字符串.Trim()	删除字符串前后的空格	s.Trim()	abCD

任务5 密码语言

任务描述

在英国，有一种"密码语言"，也叫做 Eggy-Peggy。要生成这种"语言"，只需要在所有元音字母前加上"egg"（另一个版本是加"ug"）即可。本任务实现一个可生成带"egg"的"密码语言"翻译器,从键盘输入一个字符,当判断为元音字符时,在其前面加上"egg",如图 2-12 所示。

图 2-12 "密码语言"翻译器

任务实施

1. 创建项目和窗体

(1) 创建一个名为 "Test4" 的 "Windows 应用程序"项目。

(2) 从"工具箱"窗口中,拖曳 2 个文本框控件和 2 个命令按钮控件,生成如图 2-13 所示的界面,控件的属性值如表 2-10 所示。

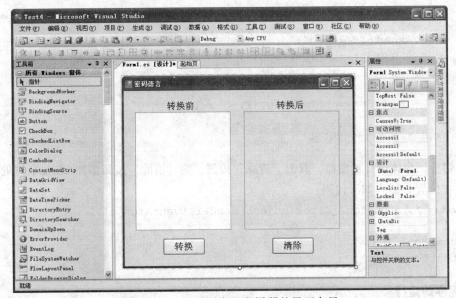

图 2-13 "密码语言"翻译器的界面布局

表 2-10 窗体控件的属性值

对象类型	对象名	属 性	值
窗体	Form1	Text	密码语言
标签	label1	Text	转换前
	label2	Text	转换后
文本框	textBox1	Text	
	textBox2	Text	
		ReadOnly	True
按钮	button1	Text	转换
	button2	Text	清除

2. 代码的编写

(1) 双击"转换"按钮,弹出代码编辑器窗口,为"转换"按钮添加 Click 事件处理代码。在光标所在位置,插入如下代码:

```
private void button1_Click(object sender, EventArgs e)
```

```
{
    String inputStr;
    inputStr=new string(textBox1.Text.ToCharArray());
    String ouputStr=null;
    char ch;
    for(int i=0;i<inputStr.Length-1;i++)
    {
        ch=inputStr[i];
        if(ch=='a'||ch=='A'||
            ch=='e'||ch=='E'||
            ch=='i'||ch=='I'||
            ch=='o'||ch=='O'||
            ch=='u'||ch=='U')
        {
            ouputStr+="egg";
            ouputStr+=ch.ToString();
        }
        else
            ouputStr+=ch.ToString();
    }
    textBox2.Text=ouputStr;
}
```

（2）切换回窗体设计器窗口，双击"清除"按钮，为"清除"按钮添加 Click 事件处理代码。在光标所在位置，插入如下代码：

```
private void button2_Click(object sender,EventArgs e)
{
    textBox1.Text="";
    textBox2.Text="";
}
```

3．程序的运行

按【F5】键运行该应用程序，在"转换前"文本框中输入任何一段话，单击"转换"按钮，"转换后"文本框中将会自动产生元音字母前加"egg"后的文字，如图 2-12 所示。

相关知识

1．对象的创建

如同基本类型变量要先声明，后使用一样，对象类型的数据在使用前也必须声明。声明对象的基本格式为：

类名 对象名；

例如，本任务中的输入字符串对象：

`String inputStr;`

一般的变量在被声明以后，就会在内存中根据变量的数据类型分配相应的存储空间。但是对象类型变量的声明，并不是特定对象实例生成（对象被赋予相应资源）的过程，而只是声明了一个可以指向该类型对象的（指针）变量，也就是说，这个被声明的对象（指针）变量，其被分配的空间只是用来保存对应类类型的对象实例的地址。在这个声明过程中，这个指针指向的实例并没有被创建出来。

让对象（指针）变量有所指向的过程，就是对象的初始化过程。对象的初始化有两种方法：一种是用 new 运算符创建一个对象实例，让对象变量指向它，其基本格式为：

```
new 类名(参数列表);
```

例如：

```
inputStr=new string(textBox1.Text.ToCharArray());
```

上面的语句用文本框 1 中的字符数组作为参数，实例化了一个 String 类的对象，并且让刚才声明的 inputStr 类型变量指向该对象。

另一种方法是使对象变量指向一个已经存在的对象，例如：

```
outputStr=inputStr;
```

或者

```
inputStr="Movie"
```

虽然一般都使用先声明对象变量，然后实例化（new）一个对象实例的方法来创建对象，但其实也可以跳过第一步，直接实例化对象，不用声明指向该对象的（指针）变量，没有被对象变量指向的对象叫做匿名对象，以下语句即可创建一个匿名 String 对象：

```
new string("Movie".ToCharArry());
```

在 C#中，对于包含在双引号（""）间的文本，会自动被视为 String 类的对象实例，因此下面的字符串也可以看做一个匿名对象：

```
"Movie"
```

2．对象的操作

创建对象之后，我们可以操作对象。可以调用该对象自有的方法，读取或设置该对象的属性值，所有这些行为都可以总结为向对象"发送消息"。发送消息给对象的一般语法有如下几种：

```
对象名.方法名(参数列表);       //调用方法
对象名.属性名(可选参数);       //读取对象的属性值
对象名.属性名=表达式;          //设置对象的属性值
```

本任务中，要得到字符串的长度，读取了 inputStr 的 Length 属性：

```
for(int i=0;i<inputStr.Length-1;i++)
```

在对 inputStr 初始化时，调用了文本框 1 中的字符串的转换字符数组方法：

```
textBox1.Text.ToCharArray()
```

最后对文本框 2 控件对象的 Text 属性进行了设置，以显示结果：

```
textBox2.Text=ouputStr;
```

3．字符串的索引

String 对象中的每个字符都有相应的索引值来表示字符所在的位置，索引从 0 开始，因此要得到字符串 inputStr 的第一个字符，可以用 inputStr[0]表示。

"ch=inputStr[i];"语句通过 i 的循环，来依次找出 inputStr 字符串中的每个字符，进行是否是元音字母的判断。

本 章 小 结

本章介绍了程序设计的基本知识，包括常量与变量的概念，C#中常见的基本数据类型，对象类型，以及运算符的概念等。

习 题

1. 简述 C#程序的组成。
2. 简述 C#定义了哪几种基本数据类型，以及什么是变量，什么是常量。
3. 简述 C#语句的书写规则。大括号在 C#语言中的意义是什么？
4. 编写一个应用程序，要求用户用两个文本框输入两个数，将它们的和、差、积、商显示在标签中。
5. 编写一个应用程序，输入以摄氏度（℃）为单位的温度，输出以华氏度为（℉）单位的温度，摄氏度转换为华氏度的公式为 $F=1.8 \cdot C+32$。
6. 将 P 元存入银行，年利率为 r，n 年后的总额为 $P(1+r)^n$，编写一个程序，输入本金 P 和利率 r，计算 10 年后的存款总额。

第 3 章 C#程序的流程控制

本章介绍 C#语言流程控制语句的使用,包括条件结构语句、循环结构语句等。

学习目标

- 掌握选择结构的特点和使用方法;
- 掌握循环结构的特点和使用方法;
- 掌握转向语句的使用方法。

3.1 选择结构

再复杂的程序经过分解细化,都能够把语句归结为 3 种基本结构,即顺序结构、选择结构和循环结构。顺序结构的执行流程是按照语句在程序中的先后位置,逐条执行。本章主要讲述能够引起程序流程发生转变的语句结构和语句。

C#提供了两种选择语句以实现选择结构:if 语句和 switch 语句。
- if 语句,通过判断特定的条件能否满足,在两个分支中选择其中一个来执行;也可以通过多个 if 语句的嵌套,实现多分支选择结构。
- switch 语句,用于实现多分支选择结构。

3.1.1 单分支选择结构

if 语句是最基本的单分支选择结构语句,它根据条件表达式的值,选择执行后面相应的语句序列 1 或语句序列 2。if 语句的基本格式为:

```
if(条件表达式)
    {语句序列 1}
else
    {语句序列 2}
```

根据条件表达式的值进行判断,当该值为真(true)时,执行 if 子句后的语句序列 1,当该值为假(false)时,执行 else 子句后的语句序列 2。

充当判断条件的表达式可以是关系表达式、逻辑表达式(布尔表达式),也可以直接用布尔值 true(真)与 false(假)。如果语句序列只有一条语句,那么大括号可以省略。

如果只想条件满足时,执行语句序列,而条件不满足时,不执行任何语句,那么可以省略 else 子句,只保留 if 子句部分即可,即:

```
if(条件表达式)
```

```
{
    语句序列
}
```

任务1 猜硬币

任务描述

创建一个"猜硬币"的程序,以随机方式定义该次投币显示正面还是反面。用户输入猜测的答案,单击"提交"按钮后,程序将用户猜测的答案和随机生成的结果进行对比,同时显示用户猜对与否。运行窗体界面如图 3-1 所示。

图 3-1 "猜硬币"游戏界面

任务实施

1.创建项目和窗体

(1)创建一个"Windows 应用程序"项目。

(2)在窗体上添加 1 个文本框控件、2 个单选按钮控件和 1 个命令按钮控件,界面布局如图 3-2 所示,控件的属性值如表 3-1 所示。

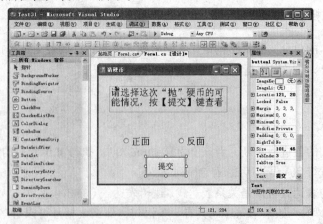

图 3-2 "猜硬币"程序界面布局

表 3-1 窗体控件的属性值

对象类型	对象名	属 性	值
窗体	Form1	Text	猜硬币

对象类型	对象名	属 性	值
单选按钮	radioButton1	Text	正面
		Checked	True（默认被选中）
	radioButton2	Font	反面
文本框	textBox1	Text	请选择这次"抛"硬币的可能情况，单击"提交"按钮查看结果
		Multiline	True
		ReadOnly	True
命令按钮	button1	Text	提交

2. 代码的编写

双击"提交"按钮，弹出代码编辑器窗口，为"提交"按钮添加 Click 事件处理代码。在光标所在位置，插入如下代码：

```csharp
private void button1_Click(object sender, EventArgs e)
{
    int guessCode=0, resultCode=0;
    if(radioButton1.Checked)
        guessCode=1;
    if(radioButton2.Checked)
        guessCode=2;
    Random rnd=new Random();
    double result=rnd.NextDouble();
    if(result<=0.5)
    {
        resultCode=1;
    }
    else
    {
        resultCode=2;
    }
    if(guessCode==resultCode)
    {
        MessageBox.Show("猜对了！好运气！");
        return;
    }
    else
    {
        MessageBox.Show("猜错了！再试试！");
        return;
    }
}
```

3. 程序的运行

按【F5】键运行该应用程序，在"正面"或"反面"两个结果中做出选择后，单击"提交"按钮，得到结果，参考图 3-1。

相关知识

1. RadioButton 单选按钮控件

在 WinForm 应用程序中，当需要从几种条件中选择其中的一种来执行时，可以采用单选按钮控件。单选按钮常常多个构成一个组合来使用。本任务中,两个单选按钮提供了两种选择,用户必须选择其一,而且只能选择一个。

单选按钮的常用属性如表 3-2 所示。

表 3-2 RadioButton 单选按钮常用属性

属 性	属 性 值	说 明
Checked	False/True	按钮是否被选中
Enabled	False/True	按钮是否可用
Appearance	Normal/Button	正常外观,还是下压按钮外观

在程序运行中,当用户选中一个单选按钮时,该单选按钮的 Checked 属性自动置为 True,先前被选中的其他单选按钮的 Checked 属性会自动置为 False。在代码中,只需要验证单选按钮的 Checked 属性,就可以判断用户做出了什么样的选择。

本任务中,设置了一个整型变量 guessCode 用于保存用户猜测的情况,1 表示猜"正面",2 表示猜"反面"。其赋值的过程就是通过对单选按钮的 Checked 属性的判断来完成的:

```
if(radioButton1.Checked)
    guessCode=1;
if(radioButton2.Checked)
    guessCode=2;
```

2. Random 随机类

System.Random 是一个系统预定义的类,它提供产生随机数的方法。产生随机数的方法必须由 Random 类创建的对象调用。Random 类创建对象的格式为:

```
Random 对象名=new Random();
```

假设 rnd 是一个 Random 类对象,则 Random 类的常用方法如表 3-3 所示。

表 3-3 Random 类常用方法

方 法	功能说明	应用示例	示例结果
对象名.Next()	产生随机数	rnd.Next()	随机整数
对象名.Next(正整数)	产生 0 至指定整数之间的随机整数	rnd.Next(50)	产生 0~50 之间的随机整数
对象名.Next(整数1,整数2)	产生两个指定整数之间的随机整数	rnd.Next(-50, 50)	产生-50~50 之间的随机整数
对象名.NextDouble()	产生 0.0~1.0 之间的随机实数	rnd.NextDouble()	产生 0.0~1.0 之间的随机实数

程序中定义了一个整型变量 resultCode 来保存实际"投掷"情况,1 为"正面",2 为"反面"。用随机对象生成的实数来形成"投掷"结果。当随机生成的数小于等于 0.5 时,认为得到"正面";否则认为得到"反面",代码如下:

```
Random rnd=new Random();
double result=rnd.NextDouble();
if(result<=0.5)
{
    resultCode=1;
}
else
{
    resultCode=2;
}
```

最后判断猜测结果 guessCode 和实际结果 resultCode 是否相等,并给出相应提示。

3.1.2 多分支选择结构

有两种方式实现多分支结构的选择：一种是采用 if…else 语句；另一种是采用 switch 语句。

if…else if 语句是用于对 3 种或 3 种以上的情况进行判断的选择结构，也是 if 语句的嵌套结构，在这种嵌套结构中，每一个 if 总是与后面最接近自己的 else 相匹配。其一般形式为：

```
if(条件表达式1)
{
    语句序列1
}
else if(条件表达式2)
{
    语句序列2
}
…
else
{
    语句序列n
}
```

该结构的执行流程是：首先按照基本 if…else 语句中的条件表达式出现顺序判断这些条件，如果 if 语句中的表达式结果为 true，则执行 if 后的相应语句，反之，则顺序计算 else if 后的条件表达式。当某个 else if 后的条件表达式结果为 true 时，则执行该语句后的语句序列块。如果没有任何一个 else if 后的条件表达式结果为 true，且末尾有一个 else 语句块，则执行 else 后的语句。在所有语句序列中，最多只运行一个语句序列。

能够实现多分支选择的另一种语句是 switch 语句，switch 语句有一个控制表达式，其分支语句根据控制表达式值的不同而执行不同的程序段，其一般形式为：

```
switch(控制表达式)
{
    case 常量表达式1:
        语句序列1;
        break;
    case 常量表达式2:
        语句序列2;
        break;
    …
    default:
        语句序列;
        break;
}
```

控制表达式的对象，可以是整数类型（sbyte、byte、short、ushort、uint、long、ulong）、字符类型（char）、字符串类型（string），或者枚举类型。而 case 后的常量表达式的数据类型也要与控制表达式的类型相同，或者可以隐式地进行转换。

switch 语句的执行流程是：先计算控制表达式的值；如果某个 case 后常量表达式的值与控制表达式的值相等，则执行其后的语句序列；如果没有一个 case 后的常量表达式的值与控制表达式的值相等，则执行 default 后的语句序列，如果没有 default，则直接跳出 switch。

需要注意的是，case 后的内嵌语句序列后面一定要加上 break 语句，用于执行完语句序列后跳出 switch，否则会产生编译错误。一个 switch 语句中最多只能有一个 default。每个 case 后的常量表达式的值不允许相同。

任务 2　个税计算器

任务描述

个人所得税的计算方法（设起征点为 2000 元），使用超额累进税率的计算方法，如下：

缴税=全月应纳税所得额×税率-速算扣除数

工资、薪金所得适用个人所得税九级超额累进税率表如表 3-4 所示。

表 3-4　工资、薪金所得适用个人所得税九级超额累进税率表

级　数	应纳税所得额	税率%	速算扣除数/元
一	不超过 500 元	5	0
二	超过 500 元至 2000 元	10	25
三	超过 2000 元至 5000 元	15	125
四	超过 5000 元至 20000 元	20	375
五	超过 20000 元至 40000 元	25	1375
六	超过 40000 元至 60000 元	30	3375
七	超过 60000 元至 80000 元	35	6375
八	超过 80000 元至 100000 元	40	10375
九	超过 100000 元	45	15375

举例来说，月收入为 3000，那么其应纳税所得额就是 3000 − 2000 = 1000 元，1000 元在第二级交税级别中，所以应缴税额为 1000 元×10%−25 元=75 元。编制如图 3-3 所示的个税计算器，使其能根据输入的月收入，计算出相应的交税额。

任务实施

1．创建项目和窗体

（1）创建一个"Windows 应用程序"项目。

（2）向窗体上添加 2 个文本框控件和 2 个标签控件，再添加 2 个命令按钮控件，界面布局如图 3-4 所示，控件属性如表 3-5 所示。

图 3-3　"个税计算器"运行界面

图 3-4　"个税计算器"界面布局

表 3-5 窗体的控件属性值

对象类型	对 象 名	属 性	值
窗体	Form1	Text	个税计算器
标签	label1	Text	个人月收入：
	label2	Text	应缴纳税额：
文本框	textBox1	Text	
	textBox2	Text	
		ReadOnly	True
命令按钮	button1	Text	计算
	button2	Text	清除

2．代码的编写

（1）双击"计算"按钮，弹出代码编辑器窗口，为"计算"按钮添加 Click 事件处理代码。在光标所在位置，插入如下代码：

```
private void button1_Click(object sender, EventArgs e)
{
    decimal pay=decimal.Parse(textBox1.Text);  //从文本框1中得到收入数值
    decimal tax,dutyPay;        //tax为要交税额的变量
    dutyPay=pay-2000;           //dutyPay为要交税的收入部分的变量
    if(dutyPay<=0)
        tax=0;
    else if(0<dutyPay && dutyPay<=500)
        tax=dutyPay * .05m;
    else if(500 < dutyPay && dutyPay<=2000)
        tax=dutyPay*.1m-25;
    else if(2000<dutyPay && dutyPay<=5000)
        tax=dutyPay*.15m-125;
    else if(5000<dutyPay&&dutyPay<=20000)
        tax=dutyPay*.2m-375;
    else if(20000<dutyPay&&dutyPay<=40000)
        tax=dutyPay*.25m-1375;
    else if(40000<dutyPay&&dutyPay<=60000)
        tax=dutyPay*.3m-3375;
    else if(60000<dutyPay&&dutyPay<=80000)
        tax=dutyPay*.35m-6375;
    else if(80000<dutyPay&&dutyPay<=100000)
        tax=dutyPay*.4m-10375;
    else
        tax=dutyPay*.45m-15375;
    tax=Math.Round(tax,2);                          //保留两位小数
    textBox2.Text=String.Format("{0:C}",tax);       //输出税额
}
```

（2）双击"清除"按钮，弹出代码编辑器窗口，为"清除"按钮添加 Click 事件处理代码。在光标所在位置，插入如下代码：

```
private void button2_Click(object sender, EventArgs e)
{
```

```
        textBox1.Text="";
        textBox2.Text="";
}
```

3. 程序的运行

按【F5】键运行该应用程序,在"个人月收入"文本框中输入数值,单击"计算"按钮,在"应缴纳税额"框中会显示出对应的个税数额,参考图 3-3。

相关知识

1. Math 数学类

System.Math 类提供了一些常用的数学方法和字段,Math 类属于 System 命名空间,Math 类有两个公共字段和若干个静态数学方法,这些静态方法供编程人员以"Math.方法名"的形式来完成相应的数学运算。Math 类常用字段与方法如表 3-6 所示。

表 3-6 Math 类常用字段与方法

方法与字段格式	功能说明	用法示例	示例结果
Math.PI	π字段,圆周率	Math.PI	3.14159265358979
Math.E	e字段,自然对数的底	Math.E	2.71828182845905
Math.Abs(数值参数)	求绝对值	Math.Abs(-92.6)	92.6
Math.Max(val1,val2)	求最大值	Math.Max(25,36)	36
Math.Min(val1,val2)	求最小值	Math.Min(25,36)	25
Math.Pow(底数,指数)	求幂	Math.Pow(4,2)	16
Math.Sqrt(平方数)	求平方根	Math.Round(Math.Sqrt(3),3)	1.732
Math.Cos(弧度)	求余弦值	Math.Cos(Math.PI/3)	0.5
Math.Sin(弧度)	求正弦值	Math.Sin(Math.PI/6)	0.5
Math.Tan(弧度)	求正切值	Math.Tan(Math.PI/4)	1
Math.Round(实数)	小数截断	Math.Round(4.87)	5
Math.Round(实数,小数位)		Math.Round(2.3456, 3)	2.346

本任务中,使用 Math 类的静态方法 Round() 来对计算得到的税额进行保留两位小数的"四舍五入"运算:

```
tax=Math.Round(tax,2);                    //保留两位小数
```

2. 字符串的格式化输出

在本任务中的税额输出中,将字符串以货币格式进行输出,采用的是 String 类的 Format() 方法,代码如下:

```
textBox2.Text=String.Format("{0:C}",tax);    //输出税额
```

String.Format() 方法的一般格式如下:

```
String.Format(格式字符串,参数列表)
```

其中"格式字符串"是一个包含一个或多个格式规范{N,M:Sn}的字符串。该方法返回格式字符串,但是是把参数列表中对应参数按照格式字符串格式显示后得到的格式字符串。

在格式规范{N,M:Sn}中,N 是从 0 开始的整数,指明要格式化的参数序号,0 代表要格式化的参数是"参数列表"中的第一个参数,1 代表要格式化的是第二个参数,依次类推。

M 是整数（可选项），指明格式化后的参数所占用的宽度，参数位数不足时用空格补齐。若 M 符号为负，则格式化后的参数在指定的大小宽度中左对齐；若 M 符号为正，则格式化的参数是右对齐。

S 是格式说明字符（可选项）。

n 是精度说明符，为整数（可选项），指明格式化后的参数保留的小数位数。

规范{N,M:Sn}中，只有 N 是必需的，其他值都是可选的。表 3-7 给出了常见的格式化种类。

表 3-7 字符串格式化说明

格式说明符（S）	格式化类型	应用示例	示例结果
C 或 c	货币型	String.Format("{0:C},{1:C1}", 3.25,–3.25);	￥3.25，￥3.3
D 或 d	十进制型	String.Format("{0:D3}",23); String.Format("{0:D2}",1223);	023 1223
E 或 e	科学型	String.Format("{0:E}", 230000);	2.300000E+005
P 或 p	百分比型	String.Format("{0:P}", 0.24583); String.Format("{0:P1}", 0.24583);	24.58% 24.6%
N 或 n	数字型	String.Format("{0:N}", 14200); String.Format("{0:N3}", 14200.2458);	14,200.00 14,200.246
0	0 占位符	String.Format("{0:0000.00}", 12394.039); String.Format("{0:0000.00}", 194.039);	12394.04 0194.04
#	数字占位符	String.Format("{0:###.##}", 12394.039); String.Format("{0:####.#}", 194.039);	12394.04 194

说明：

① 货币型格式化，默认格式化小数点后面保留两位小数，如果需要保留 1 位或者更多，可以指定位数。中文系统默认格式化为人民币￥，英文系统格式化为美元$。

② 十进制型格式化，格式化成固定的位数，位数不能少于未格式化之前，只支持整型数据。

③ 科学型格式化，如果省略精度说明符，则使用默认值，即小数点后 6 位数字。格式说明符的大小写指示在指数前加前缀"E"还是"e"。指数总是由正号或负号及最少 3 位数字组成。如果需要，用 0 填充指数以满足最少 3 位数字的要求。

④ 百分比型格式化，将待转换的数字乘以 100 以表示百分比型。精度说明符指示所需的小数位数。如果忽略精度说明符，则使用当前 NumberFormatInfo 对象给定的默认数值精度，默认为保留百分比中两位小数。

⑤ 数字型格式化，能够以逗号分隔符分开数字的千位，也能够指定小数保留的位数，使用当前 NumberFormatInfo 对象给定的默认数值精度，默认情况保留 3 位小数。

⑥ 0 占位符，如果格式化的值在格式字符串中出现"0"的位置有一个数字，则此数字被复制到结果字符串中。小数点前最左侧"0"的位置和小数点后最右侧"0"的位置确定总在结果字符串中出现的数字范围。

⑦ 数字占位符，如果格式化的值在格式字符串中出现"#"的位置有一个数字，则此数字被复制到结果字符串中，否则结果字符串中的此位置不存储任何值。注意：如果"0"不是有效数字，此说明符永不显示"0"字符，即使"0"是字符串中唯一的数字也不显示。如果"0"是所显示的数字中的有效数字，则显示"0"字符。

任务3　简易数学计算器

任务描述

制作一个简易的数学计算器，能够完成两个实数的加（+）、减（-）、乘（*）、除（/）运算。"简易计算器"运行界面，如图3-5所示。

任务实施

1．创建项目和窗体

（1）创建一个"Windows应用程序"项目。
（2）向窗体上添加3个文本框控件、4个标签控件、2个命令按钮控件，以及1个组合框控件，界面布局如图3-6所示，控件属性如表3-8所示。

图3-5　"简易计算器"运行界面

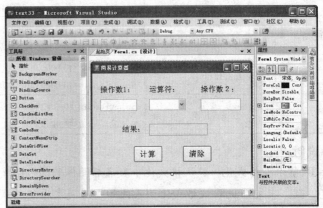

图3-6　"简易计算器"程序界面布局

表3-8　窗体控件的属性值

对象类型	对象名	属性	值
窗体	Form1	Text	简易计算器
标签	label1	Text	操作数1:
	label2	Text	运算符:
	label3	Text	操作数2:
	label4	Text	结果:
文本框	textBox1	Text	
	textBox2	Text	
	textBox3	Text	
		ReadOnly	True
命令按钮	button1	Text	计算
	button2	Text	清除
组合框	comboBox1	Items	+ - * /

（3）选中"运算符"标签下的下拉列表框控件，在"属性"窗口中找到Items属性，单击其右

侧的…按钮,打开"字符串集合编辑器"对话框,在对话框中输入所需要的运算符,如图3-7所示。

2. 代码的编写

(1)双击"计算"按钮,弹出代码编辑器窗口,为"计算"按钮添加Click事件处理代码。在光标所在位置,插入如下代码:

```csharp
private void button1_Click(object sender, EventArgs e)
{
    float op1, op2;
    float result=0;
    char opt;
    op1=Single.Parse(textBox1.Text);
    op2=Single.Parse(textBox2.Text);
    opt=char.Parse(comboBox1.Text);
    switch (opt)
    {
        case '+':
            result=op1+op2;
            break;
        case '-':
            result=op1-op2;
            break;
        case '*':
            result=op1*op2;
            break;
        case '/':
            result=op1/op2;
            break;
        default:
            MessageBox.Show("请选择算术运算符号");
            break;
    }
    textBox3.Text=result.ToString();
}
```

图3-7 预置运算符

(2)双击"清除"按钮,弹出代码编辑器窗口,为"清除"按钮添加Click事件处理代码。在光标所在位置,插入如下代码:

```csharp
private void button2_Click(object sender, EventArgs e)
{
    textBox1.Text="";
    textBox2.Text="";
    textBox3.Text="";
    comboBox1.Text="";
}
```

3. 程序的运行

按【F5】键运行该应用程序,在两个操作数文本框中输入要参与运算的实数,然后在"运算符"下拉列表框中选择运算符,单击"计算"按钮,在"结果"框中会显示出对应的运算结果,参考图3-5。

相关知识

1. ListBox 列表框

列表框 ListBox 和组合框 ComboBox 可以用于对批量数据的处理。在列表框中,任何时候都可以看到多个选项；在组合框中，一般只能看到一个选项。

列表框（ListBox）控件为用户提供可以进行选择的列表，用户通过在列表中选择，实现向程序输入数据。如果列表中选项的数目超过了列表框可显示的区域，列表框中将自动显示滚动条。

列表框的常用属性如表 3-9 所示，常用方法如表 3-10 所示。

表 3-9 列表框的常用属性

属 性	说 明
ColumnWidth	指定多列列表中各列的宽度
Items	反映列表中的项
MultiColumn	设置为 True 时，列表框以多列形式显示，并且会出现一个水平滚动条
SelectionMode	指示一次可以选择多少列表项
SelectedIndex	返回对应于列表框中第一个选定项的整数值。如果未选定任何项，则 SelectedIndex 值为-1；如果选定了列表中的第一项，则 SelectedIndex 值为 0。当选定多项时，SelectedIndex 值反映列表中最先出现的选定项
SelectedItem	类似于 SelectedIndex，但它返回列表项内容

表 3-10 列表框的常用方法

方 法	说 明
Items.Add()	向列表中添加项
Items.Insert()	将项插入到列表框中指定索引处
Items.Clear()	从集合中移除所有项
Items.Remove()	从集合中移除指定项

列表框最常用的事件是 SelectedIndexChanged 事件，在用户单击列表框中不同的列表项时触发。

可以将本任务中的"运算符"下拉列表框，用列表框控件来替换，得到如图 3-8 所示的窗体界面。

图 3-8 用 ListBox 控件替换 ComboBox 控件后的窗体

添加列表项的方法，与组合框类似，都是选择 Items 属性后，单击其右侧的按钮，在"字符串集合编辑器"对话框中完成。列表框选定项不再像组合框一样，保存在 Text 属性中，而是用 SelectedIndex 属性来标识选定的项（下标从 0 开始），因此在做 switch 语句结构的时候，控制表达式和常量表达式都需要有相应的变化，已经不再是本任务中的"符号匹配"了，而变成了改动后的"整数值匹配"。

改变后的"计算"按钮单击事件处理代码如下,其中改动的部分用灰色底纹显示:
```
private void button1_Click(object sender, EventArgs e)
{
    float op1, op2;
    float result=0;
    int opt;
    op1=Single.Parse(textBox1.Text);
    op2=Single.Parse(textBox2.Text);
    opt=listBox1.SelectedIndex;
    switch (opt)
    {
        case 0:
            result=op1 + op2;
            break;
        case 1:
            result=op1 - op2;
            break;
        case 2:
            result=op1 * op2;
            break;
        case 3:
            result=op1 / op2;
            break;
        default:
            MessageBox.Show("请选择算术运算符号");
            break;
    }
    textBox3.Text=result.ToString();
}
```

实际上,换成列表框后的switch选择结构,还可以用列表框控件的SelectedItem属性来进行选择匹配,这也是字符的匹配,switch选择部分的代码,还可以修改为:
```
String opt=listBox1.SelectedItem.ToString();
switch (opt)
{
    case "+":
        result=op1+op2;
        break;
    case "-":
        result=op1-op2;
        break;
    case "*":
        result=op1*op2;
        break;
    case "/":
        result=op1/op2;
        break;
    default:
        MessageBox.Show("请选择算术运算符号");
        break;
}
```

这样修改,要特别注意字符串形式的匹配,case后的常量表达式要写成双引号("")引起来的字符串形式,而不是原先的单引号('')引起来的字符形式,否则要出错。

从上面的任务和修改示例中也可以看到，switch 语句的控制表达式、常量表达式的类型，确实可以是多样的，在编写过程中需要注意两者类型的匹配问题。

2. ComboBox 组合框

组合框（ComboBox）控件可以被看做一个文本框附带一个列表框，因此组合框控件既允许用户在文本框中通过键盘输入数据，又允许用户在列表框中选择数据。

组合框的常用属性如表 3-11 所示，常用方法如表 3-12 所示。

表 3-11 组合框的常用属性

属性	说明
DropDownStyle	该属性决定组合框的外观样式，有 3 种可选参数：Simple、DropDownList 和 DropDown Simple：文本框可编辑，列表框全部显示，不折叠 DropDownList：文本框不可编辑，列表框折叠 DropDown：文本框可编辑，列表框折叠
DropDownWidth	设置组合框下拉列表部分的宽度，可以不同于 ComboBox 控件的宽度
MaxDropDownItems	该属性用于设置组合框中最多显示的列表项数目
ItemHeight	用于设置列表项的高度，以像素为单位

表 3-12 组合框的常用方法

方法	说明
Items.Add()	向列表中添加项
Items.Insert()	将项插入到列表框中指定索引处
Items.Clear()	从集合中移除所有项
Items.RemoveAt()	从集合中移除指定索引处的列表项

【例】设计一个 Windows 应用程序，在组合框中输入电影名称，单击"添加"按钮，将输入的名称添加到组合框列表中；选择列表框中的某个列表项，单击"删除"按钮，将该项从列表中删除。

① 程序窗体设计。

制作出如图 3-9 所示的界面，通过单击 Items 属性右侧的 ... 按钮，在"字符串集合编辑器"对话框中添加初始列表项。组合框的 DropDownStyle 属性设置为 Simple。

② 代码设计。

"添加"按钮的 Click 事件代码如下：

```
private void button1_Click(object sender, EventArgs e)
{
    comboBox1.Items.Add(comboBox1.Text);
}
```

"删除"按钮的 Click 事件代码如下：

```
private void button2_Click(object sender, EventArgs e)
{
    comboBox1.Items.RemoveAt(comboBox1.SelectedIndex);
}
```

图 3-9 组合框示例窗体

3.2 循环结构

所谓循环，是指在满足特定条件的基础上，重复执行某些语句序列的程序运行方式。

C#提供了4种循环语句：for循环、while循环、do…while循环和foreach循环。foreach循环主要应用于数组，将在后续章节介绍。

3.2.1 for 循环语句

for循环语句是一种定次循环语句，即在程序设计时已经确定需要循环的次数。例如，求1～1000的累加和，设计时已经知道求和需要循环1000次（或999次）。

for语句的一般格式如下：

```
for(初始值设定项;循环条件表达式;迭代项)
{
    语句序列;
}
```

初始值设定项用来初始化循环计数器的表达式或者赋值语句组成的逗号分隔列表。循环条件表达式必须是一个布尔表达式，通过条件测试的结果判断是否执行循环。迭代项可以是递增或递减循环计数器的表达式语句，也可以是一个用逗号分隔的表达式列表。

for语句的执行流程如下：

① 执行初始值设定项。为循环变量赋初值，或者按顺序执行赋值语句列表，这一项在整个循环过程中只执行一次。

② 计算循环条件表达式。

③ 如果条件表达式结果为true，则执行循环内嵌入的语句序列。执行完后，按顺序计算迭代项，返回步骤②开始执行。

④ 如果条件表达式结果为false，结束for语句的执行。

任务4 九九乘法表

任务描述

编写一个程序，输出如图3-10所示的九九乘法表。

图3-10 "九九乘法表"运行界面

任务实施

1．创建项目和窗体

（1）创建一个"Windows应用程序"项目。

（2）向窗体上添加1个标签控件、1个命令按钮控件，界面布局如图3-11所示，控件属性如表3-13所示。

图 3-11 "九九乘法表"程序界面布局

表 3-13 窗体控件的属性值

对象类型	对 象 名	属　　性	值
窗体	Form1	Text	九九乘法表
标签	label1	Text	
		AutoSize	False
		BorderStyle	Fixed3D
命令按钮	button1	Text	输出九九表

2. 代码的编写

双击"输出九九表"按钮，弹出代码编辑器窗口，为"输出九九表"按钮添加 Click 事件处理代码。在光标所在位置，插入如下代码：

```
private void button1_Click(object sender, EventArgs e)
{
    String OutputStr="";
    for(int i=1; i<10; i++)
    {
        for(int j=1; j<=i; j++)
        {
            OutputStr+=String.Format("{0}×{1}={2};", j, i, i * j);
        }
        OutputStr+="\n";
    }
    label1.Text=OutputStr;
}
```

3. 程序的运行

按【F5】键运行该应用程序，单击"输出九九表"按钮，在标签框中显示出如图 3-10 所示的结果。

相关知识

1. 循环的执行

一个典型的 for 循环如下所示：

```
for(int j=1; j<=i; j++)
```

```
{
    OutputStr+=String.Format("{0}×{1}={2};", j, i, i * j);
}
```

当初始化完循环的控制变量 j 后，便开始判断 j<=i 是否成立，如果该条件成立，那么就执行循环体内的赋值语句，改变 OutputStr 变量的值，然后计算 j++（即 j 变量自增 1），再判断 j<=i 是否成立，如此往复。

直到该条件不成立时，结束该循环，跳到循环后面的语句执行。

2. 循环的嵌套

当一个循环的循环体（内嵌的语句序列）中包含另外一个或若干个循环时，该结构称为循环的嵌套，也叫做多重循环结构。其中被包含的循环叫做内循环，包含的循环叫做外循环。

本任务中，输出每一行的乘法表达式这条循环是内循环，控制输出行数为 9 行的循环是外循环。语句如下：

```
for(int i=1; i<10; i++)              //外循环，控制显示的行数
{
    for(int j=1; j<=i; j++)          //内循环，控制每一行的显示内容
    {
        OutputStr+=String.Format("{0}×{1}={2};", j, i, i * j);
    }
    OutputStr+="\n";
}
```

3. 输出的格式

由于要输出成"A×B=C;"的形式，所以采用了字符串类型的静态方法 String.Format()，其使用方式在任务 2 中已经叙述，代码如下：

```
OutputStr+=String.Format("{0}×{1}={2};", j, i, i * j);
```

语句格式表达式中的 0、1、2 分别表示后续参数列表的序号。

要在每一行输出完成后换行，这里用的是为字符串加上一个换行的转义字符：

```
OutputStr+="\n";
```

所有的 ASCII 码都可以用"\"加数字（一般是八进制数字）来表示。而 C#中定义了一些字符前加"\"来表示常见的那些不能显示的 ASCII 字符，如\0、\t、\n 等，就称为转义字符，因为加"\"之后，字符便不是它本来的 ASCII 字符含义了。常见转义字符及其意义如表 3-14 所示。

表 3-14 常见转义字符

转义字符	意 义	ASCII 码值（十进制）	转义字符	意 义	ASCII 码值（十进制）
\a	响铃（BEL）	007	\\	反斜杠	092
\b	退格（BS）	008	\?	问号字符	063
\f	换页（FF）	012	\'	单引号字符	039
\n	换行（LF）	010	\"	双引号字符	034
\r	回车（CR）	013	\0	空字符（NULL）	000
\t	水平制表（HT）	009	\0**	**为八进制数字	
\vt	垂直制表（VT）	011	\x**	**为十六进制数字	

3.2.2 while 循环语句

while 语句可以用于循环次数未知的情况，有条件地执行嵌入的循环体语句序列 0 次或多次。

while 语句的一般格式如下：
```
while(布尔表达式)
{
    语句序列；
}
```
while 语句的执行流程如下：
① 计算布尔表达式的值。
② 若布尔表达式结果为 true，执行语句序列，完成之后，返回步骤①开始执行。
③ 若布尔表达式结果为 false，结束 while 语句的执行。

任务 5　公约数与公倍数

任务描述

输入两个正整数，求两个数的最大公约数与最小公倍数，程序运行界面如图 3-12 所示。

任务实施

1．创建项目和窗体

（1）创建一个"Windows 应用程序"项目。

（2）向窗体上添加 3 个 GroupBox 控件、5 个标签控件、1 个命令按钮控件，2 个复选框控件，界面布局如图 3-13 所示，控件属性如表 3-15 所示。

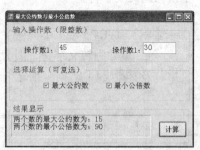
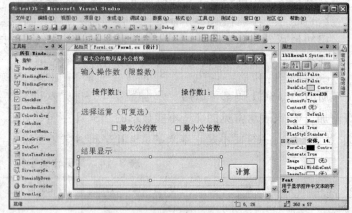

图 3-12 "最大公约数与最小公倍数" 运行界面

图 3-13 "最大公约数与最小公倍数" 程序界面布局

表 3-15　窗体控件的属性值

对象类型	对象名	属性	值
窗体	Form1	Text	最大公约数与最小公倍数
分组框	groupBox1	Text	输入操作数（限整数）
	groupBox2	Text	选择运算（可复选）
	groupBox3	Text	结果显示
命令按钮	button1	Text	计算

续表

对象类型	对象名	属性	值
文本框	txtBox1	Text	
	txtBox2	Text	
标签	label1	Text	操作数1：
	label2	Text	操作数2：
	label3	Name	lblResult
		Text	
复选框	checkBox1	Text	最大公约数
	checkBox2	Text	最小公倍数

2．代码的编写

双击"计算"按钮，弹出代码编辑器窗口，为"计算"按钮添加 Click 事件处理代码。在光标所在位置，插入如下代码：

```
private void button1_Click(object sender, EventArgs e)
{
    lblResult.Text="";         //清空输出结果的标签框
    int num1=int.Parse(textBox1.Text);
    int num2=int.Parse(textBox2.Text);
    if(num1>num2)
    {
        int temp=num1;
        num1=num2;
        num2=temp;
    }                          //保证num1 < num2
    int i=num1, j=num2;        //声明并初始化求最大公约数的循环变量i，求最小公倍数
                               //的循环变量j
    if(checkBox1.Checked)      //如果"最大公约数"复选框被选中，则求最大公约数
    {
        while(num1%i!=0 || num2%i!=0)
            i--;
        lblResult.Text="两个数的最大公约数为： "+i+"\n";
    }
    if(checkBox2.Checked)      //如果"最小公倍数"复选框被选中，则求最小公倍数
    {
        while (j%num1!=0||j%num2!=0)
            j++;
        lblResult.Text+="两个数的最小公倍数为： "+j;
    }
}
```

3．程序的运行

按【F5】键运行该应用程序，输入要计算的操作数，选中对应的复选框，单击"计算"按钮，在标签框中显示出如图 3-12 所示的结果。

相关知识

1．循环的执行

一个典型的 while 循环如下所示：

```
while(num1%i!=0||num2%i!=0)
    i--;
```

进入循环后，会先判断 while 后面的布尔表达式结果是否为真，通过条件判断的结果来决定执行循环体还是退出循环。循环体部分如果有多条语句，可以用大括号"{ }"将它们包含起来；如果仅仅只有一条语句，也可以直接将其写在 while 语句下面。

上面循环的意义是，先把两个操作数中最小的那个数当做除数（i），分别与两个操作数做求余运算，直到两个操作数都能被除尽为止（余数都为 0）。只要其中有一个操作数没有被除尽，就让除数（i）减 1，继续求余判断，最后得到的 i 就是两个操作数的最大公约数。

求最小公倍数的循环语句如下：

```
while (j%num1!=0||j%num2!=0)
    j++;
```

循环的意义是，先把两个操作数中最大的那个数当做被除数（j），分别与两个操作数做求余运算，直到两个操作数都能把被除数（j）整除为止。只要其中有一个操作数不能整除被除数（j），就让被除数（j）增 1，继续求余判断，最后得到的 j 就是两个数的最小公倍数。

2. GroupBox 控件

GroupBox 控件是一种容器类控件，分组框内的控件可以随着分组框一起移动，并且受到分组框控件某些属性（Visible、Enabled）的控制。

一般情况下，分组框只是用来将功能类似或关系紧密的控件分成可标识的控件组，而不必响应分组框控件的事件。需要修改的仅仅是分组框控件的 Text 和 Font（字体）属性，以说明框内控件的功能或作用，从而起修饰窗体的作用。

使用 GroupBox 控件分组控件时，应该首先设置 GroupBox 控件，然后再设置其中的控件，这样才能让其他控件和分组框建立联系。如果要用分组框将已有控件分组，画出分组框后，选中所有同组控件，再将其复制粘贴到分组框中即可。

3. CheckBox 控件

CheckBox 复选框控件，顾名思义就是可以同时选中多个选项，这一点与之前介绍过的 RadioButton 单选按钮控件刚好相反。复选框的常用属性如表 3-16 所示。

表 3-16 CheckBox 常用属性

属　性	属　性　值	说　明
Checked	False/True	按钮是否被选中
CheckState	Unchecked/Checked/Indeterminate	未选中状态/选中状态/不确定状态
ThreeState	False/True	是否启用第三种状态
Enabled	False/True	按钮是否可用
Appearance	Normal/Button	正常外观还是下压按钮外观

复选框有两个不同于单选按钮的属性，即 CheckState（选择状态）与 ThreeState（第三种状态）属性，使复选框支持选中与未选中之外的第三种状态，即不确定状态（Indeterminate），处于不确定状态的复选框以灰色显示。

复选框的不确定状态（灰显状态）只能在设计阶段，通过设置复选框的相关属性来完成，在程序运行时，反复单击复选框，只能在选中和未选中两种状态之间切换。

3.2.3 do...while 循环语句

do...while 语句也可用于不知道循环次数的情况，在多数情况下都可以与 while 语句相互替换，两者的差别就在于 while 循环的测试条件是在每一次循环开始时进行判断（for 循环也是如此），而 do...while 循环的测试条件在每一次循环体结束时进行判断。

do...while 语句的一般格式如下：
```
do
{
    语句序列;
}
while(布尔表达式)
```

do...while 语句的执行流程如下：
① 执行循环体中的语句序列。
② 计算布尔表达式的值。
③ 若布尔表达式结果为 true，执行循环体语句序列，执行完成之后，返回步骤②。
④ 若布尔表达式结果为 false，结束 do 语句的执行。

任务 6 存 款 计 算

任务描述

本任务中，以复利方式存款，即开户后，第一年本金所得利息继续存入账户，和原本金一起成为第二年的本金部分，再生利息，如此往复。金额计算公式为 $a = p \times (1 + r)^n$，"计算存款"运行界面如图 3-14 所示。

任务实施

1. 创建项目和窗体

（1）创建一个"Windows 应用程序"项目。
（2）向窗体上添加 2 个 GroupBox 控件、3 个标签控件、2 个命令按钮控件、4 个文本框控件，界面布局如图 3-15 所示，控件属性如表 3-17 所示。

图 3-14 "计算存款"程序运行界面

图 3-15 "计算存款"程序界面布局

表 3-17 窗体控件的属性值

对象类型	对象名	属性	值
窗体	Form1	Text	计算存款
组合框	groupBox1	Text	存款信息
	groupBox2	Text	存款数额
命令按钮	button1	Text	计算
	button2	Text	清除
文本框	textBox1	Text	
	textBox2	Text	
	textBox3	Text	
	textBox4	Text	
		Multiline	True
		ScrollBars	Vertical
标签	label1	Text	本金:
	label2	Text	年利率:
	label3	Text	年数:

2. 代码的编写

（1）双击"计算"按钮，弹出代码编辑器窗口，为"计算"按钮添加 Click 事件处理代码。在光标所在位置，插入如下代码：

```
private void button1_Click(object sender, EventArgs e)
{
    decimal amount, captial;
    double rate;
    int n;
    string outputStr="年份"+"\t"+"账户金额"+"\r\n";
    int year=1;
    captial=Decimal.Parse(textBox1.Text) ;
    rate=Double.Parse(textBox2.Text);
    n=Int32.Parse(textBox3.Text);
    do
    {
        amount=captial*(decimal)Math.Pow(1+rate,year);
        outputStr+=year.ToString()+"\t"+String.Format("{0:C}", amount)
        +"\r\n";
        year++;
    } while (year<=n);
    textBox4.Text=outputStr;
}
```

（2）双击"清除"按钮，插入如下代码：

```
private void button2_Click(object sender, EventArgs e)
{
    textBox1.Text="";
    textBox2.Text="";
    textBox3.Text="";
}
```

3. 程序的运行

按【F5】键运行该应用程序，输入要计算的本金、年利率、年数，单击"计算"按钮，"存款数额"选项组中的列表框中显示出如图 3-14 所示的结果。

相关知识

1. 循环的执行

本任务中的 do…while 循环语句如下：

```
do
{
    amount=captial*(decimal)Math.Pow(1+rate, year);
    outputStr+=year.ToString()+"\t"+String.Format("{0:C}", amount)+
    "\r\n";
    year++;
} while(year<=n);
```

首先，直接进入循环体，执行计算金额操作、连接字符串操作、年份自增操作。

然后，判断 while 后的布尔表达式 year <= n 是否成立，如果成立，继续执行循环体内的语句序列；反之，则跳出 do…while 循环，执行其后的语句。

2. while 与 do…while 的区别

尽管两种语句都包含关键字 while，但是它们的循环方式是不相同的。

do…while 循环采用"先做，后判断"的方式循环，也就是说，循环体内的语句序列至少会被执行一次，不管布尔表达式结果是否为真。

while 循环采用"先判断，后做"的方式循环，循环体内的语句序列可能会出现一次都不被执行的情况。

while 语句使用起来更直观，具体用哪个循环，由用户自己的喜好决定。

3.3 转向语句

C#中的转向语句有 goto 语句、break 语句及 continue 语句。这些语句有立刻改变程序执行流向的作用，能够让语句序列顺序执行的状态瞬间发生跳转。

1. goto 语句

goto 语句将程序控制直接传递给标记语句，它的一般形式是：

```
goto 标识符；
```

该语句将控制转给具有给定标识符的标记语句，它可以用于跳出深嵌套的循环等。虽然 goto 语句使用起来方便，但是为了避免结构化程序中语句流程的凌乱，在编程过程中，尽量不要使用 goto 跳转语句。

2. break 语句

break 语句在多分支选择结构（switch 语句）中的作用是跳出 switch 语句；break 语句在循环结构中，也可以用来退出循环。使用的一般形式是：

```
break;
```

需要注意的是，如果 break 语句位于嵌套循环的某内循环中，则执行 break 语句，仅跳出该内循环，而不能跳出外层循环，即 break 只能跳出最近的循环。

break 语句不能用于除了 switch 语句和循环语句之外的其他地方。

3. continue 语句

continue 语句用于循环结构中，作用是结束本次循环，跳过循环体后续语句序列，直接返回循环起始处,进行下一次条件判断。与 break 语句的不同在于,break 是彻底结束循环结构,而 continue 只是结束本次循环,并不会跳出循环结构。

任务 7　输出特定数列

任务描述

在 1~50 这 50 个数字中,按照要求输出数字串。分别是全部数字、不大于 50 的数字、全部偶数数字。程序效果如图 3-16 所示。

任务实施

1. 创建项目和窗体

(1) 创建一个"Windows 应用程序"项目。

(2) 向窗体上添加 3 个单选按钮控件、1 个文本框控件、1 个命令按钮控件,界面布局如图 3-17 所示,控件属性如表 3-18 所示。

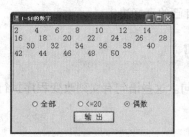

图 3-16　"1-50 的数字"运行界面　　　图 3-17　"1-50 的数字"程序界面布局

表 3-18　窗体控件的属性值

对象类型	对象名	属性	值
窗体	Form1	Text	1-50 的数字
命令按钮	button1	Text	输出
文本框	textBox1	Text	
		Multiline	True
		ScrollBars	Vertical
单选按钮	ratioButton1	Text	全部
	rationButton2	Text	<=20
	rationButton3	Text	偶数

2. 代码的编写

双击"输出"按钮,弹出代码编辑器窗口,为"输出"按钮添加 Click 事件处理代码。在光标所在位置,插入如下代码:

```
private void button1_Click(object sender, EventArgs e)
{
    textBox1.Text="";
    for(int i=1; i<=50; i++)
    {
        if(radioButton1.Checked)      // "全部"单选按钮被选中
            textBox1.Text+=i+"   ";
        if(radioButton2.Checked)      // "<=20"单选按钮被选中
        {
            if(i > 20)
                break;
            textBox1.Text+=i+"   ";
        }
        if(radioButton3.Checked)      // "偶数"单选按钮被选中
        {
            if(i%2!=0)
                continue;
            textBox1.Text+=i+"   ";
        }
    }
}
```

3. 程序的运行

按【F5】键运行该应用程序，选择对应的输出方式，单击"输出"按钮，在文本框中显示出如图3-16所示的结果。

相关知识

1. break 的运行

break 语句处于 for 循环内的 if 语句块中，如下所示：

```
for(int i=1; i<=50; i++)
{
    ...
    if(radioButton2.Checked)      // "<=20"单选按钮被选中
    {
        if(i>20)
            break;
        textBox1.Text+=i+"   ";
    }
    ...
}
```

当 i 大于 20 时，不会再执行后面的字符串属性赋值语句，而是直接跳出 if 语句块，跳出 for 循环，执行循环体外的语句。

2. continue 的执行

continue 语句也位于 for 循环体内的 if 语句块中，如下所示：

```
for(int i=1; i<=50; i++)
{
    ...
```

```
if(radioButton3.Checked)      // "偶数" 单选按钮被选中
{
    if(i%2!=0)
        continue;
    textBox1.Text+=i+"   ";
}
```

当 i 不能整除 2 时,不执行后面的字符串属性赋值语句,而只跳到 for 语句的迭代式 i++ 去执行,然后判断 i < 50 成立与否,决定是否继续执行循环体。即 continue 语句仅仅结束本次循环,不会直接跳出循环体。

本 章 小 结

本章介绍了程序中流程控制涉及的主要结构和语句,包括选择结构、循环结构等,并对每种结构的适用情况进行了说明,最后介绍了转向语句。

习 题

1. C#中有哪两种条件选择语句?
2. 多分支条件语句中的控制表达式可以是哪几种数据类型?
3. 某航空公司规定:根据月份和订票数量决定机票价格的优惠程度,在旅游的旺季 7—9 月份,如果订票数超过 20 张,票价优惠 15%,如果订票数在 20 张以下,票价优惠 5%;在旅游的淡季 1—5 月、10 月份、11 月份,如果订票数超过 20 张,票价优惠 30%,如果订票数在 20 张以下,票价优惠 20%;其他情况一律优惠 10%。根据以上规定设计程序。
4. 设计一个 Windows 应用程序,使程序通过选中单选按钮和复选框来更改字体和字型。
5. 我国古代著名的"百钱买百鸡"问题:每只公鸡值 5 元,每只母鸡值 3 元,3 只小鸡值 1 元,用 100 元买 100 只鸡,求公鸡、母鸡和小鸡各买几只。
6. 有一张厚为 x mm,面积足够大的纸,将它不断地对折,试问对折多少次后,其厚度可以达到珠穆朗玛峰的高度(8844.43 m)。

第 4 章 数组与自定义类型

本章介绍数组的声明和使用方法，多维数组的概念，数组列表的概念和使用方法，常用的数组属性和方法，控件数组的概念，数组参数的相关概念，结构、枚举等自定义类型的使用等。

学习目标

- 理解如何声明数组，初始化数组，以及使用数组中的单独元素；
- 理解变量的值类型与引用类型；
- 掌握自定义数据类型的方法。

4.1 数组的概念

前面章节中涉及的变量，无论是基本类型，还是对象类型，都属于单一变量，即一个变量一次只能存储一个基本类型或对象类型的数据。然而在实际应用中，常常需要对一批数据进行处理，比如处理一个部门 100 位员工的工资情况，如果按照前面的做法，可以为每个员工设立对应的工资变量 salary1,salary2,salary3…，当需要给每个员工加薪 2%时，用这种单一变量保存的形式，就非常麻烦，应用重复操作的循环结构也不能顺利地完成对每个单一变量的重新赋值。

为此，引入了数组类型。用户可以把这些具有相同类型的数据按一定顺序组成一个变量序列（数组），序列中的每一个数据都可以通过数组名及唯一的索引号（下标）来访问。比如，可以将上面的工资数据定义为一个工资数组：

```
Double[] salary=new Double [100];
```

要存取和访问每个员工的工资，只需要以数组名加下标的形式将其指出即可，如 salary[0]代表第一个员工的工资，salary[1]代表第 2 个员工的工资……，这样一来，要对所有人的工资进行修改时，就可以采用循环结构完成了。

在 C#中，将一组具有同一名字、不同下标的下标变量称为数组。例如，salary[26]中的 salary 称为数组名，26 是下标。数组中的一个下标变量称为数组的一个元素，一个数组可以含有若干个下标变量（数组元素）。下标也叫做索引（Index），用来标识数组元素在数组中的位置。数组中第 1 个元素的下标默认为 0，第 2 个元素的下标默认为 1，依此类推，所以数组元素的最大下标比数组总的元素个数少 1，即含有 n 个元素的数组，其最后一个数组元素的下标为 $n-1$。

在 C#中，要求数组的下标必须放在数组名后的一对中括号内。

4.1.1 一维数组

如果只用一个下标就能确定一个数组元素在数组中的位置，则该数组称为一维数组，即由具有一个下标的下标变量（数组元素）所组成的数组。

在批量处理数据时，可以使用循环高效地读取数组中的数据或向数组元素中写入数据。

任务1 数据排序

任务描述

设计一个数据排序程序，当用户单击"开始"按钮时，弹出输入对话框，要求用户连续输入10个整数，输入完毕后，在窗体上按从小到大的顺序将用户输入的数据排序。程序运行结果如图 4-1 和图 4-2 所示。

图 4-1 输入数据

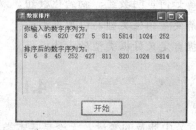

图 4-2 显示结果

任务实施

1. 创建项目和窗体

（1）创建一个"Windows 应用程序"项目。

（2）向窗体上添加 1 个标签控件、1 个命令按钮控件，界面布局如图 4-3 所示，控件的属性值如表 4-1 所示。

图 4-3 "数据排序"程序界面布局

表 4-1 窗体控件的属性值

对象类型	对象名	属性	值
窗体	Form1	Text	数据排序
标签	label1	Text	
		AutoSize	False
		BorderStyle	Fixed3D
命令按钮	button1	Text	开始

（3）添加窗体。在"解决方案资源管理器"窗口中右击项目名称，在弹出的快捷菜单中选择"添加"命令，在其子菜单中选择"Windows 窗体"命令，在弹出的"添加新项"对话框中单击"添加"按钮，完成新窗体的添加，如图 4-4 所示。

向 Form2 窗体上添加 1 个标签控件、1 个文本框控件、2 个命令按钮控件，界面布局如图 4-5 所示，控件的属性值如表 4-2 所示。

图 4-4 添加新窗体

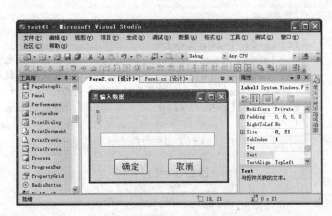
图 4-5 "输入数据"窗体界面布局

表 4-2 窗体控件的属性值

对象类型	对象名	属性	值
窗体	Form2	Text	输入数据
标签	label1	Text	
文本框	textBox1	Text	
命令按钮	button1	Text	确定
		DialogResult	OK
	button2	Text	取消
		DialogResult	Cancel

2．代码的编写

打开 Form1 窗体的代码窗口（选中设计窗口中的 Form1 窗体，按【F7】键），在 Form1 类定义的类体中声明静态数组与变量，代码如下：

```
public partial class Form1:Form
```

```csharp
{
    public static int[] num=new int[10];
    public static int i;

    public Form1()
    {
        InitializeComponent();
    }
}
```

双击设计窗口中 Form1 窗体的"开始"按钮，为"开始"按钮添加单击事件处理代码如下：

```csharp
private void button1_Click(object sender, EventArgs e)
{
    Form2 frm2=new Form2();                    //声明并实例化 Form2 窗体对象 frm2
    for(i=0; i<10; )
    {
        //显示 Form2 对象 frm2 窗体，如果单击 frm2 窗体中的"确定"按钮，则循环变量增 1
        if(DialogResult.OK==frm2.ShowDialog())
            i++;
    }
    label1.Text="你输入的数字序列为: \n";
    for(i=0; i<10; i++)
        label1.Text+=num[i]+" ";               //输出当前元素值
    int temp=num[0];                           //定义帮助数组元素交换的中间变量 temp
    label1.Text+="\n\n 排序后的数字序列为: \n";
    for(i=0; i<=9; i++)                        //将数组 num 里的数组元素按照从小到大的顺序排序
    {
        for(int j=i+1; j<=9; j++)
        {
            if(num[i]>num[j])
            {
                temp=num[i];
                num[i]=num[j];
                num[j]=temp;
            }
        }
    }
    for(i=0; i<10; i++)
        label1.Text+=num[i]+" ";               //输出排序后的数组
}
```

在设计窗口中选中 Form2 窗体，在"属性"窗口中，单击 按钮切换到"事件"窗口，在 Form2 窗体控件的 Actived 事件处双击，打开代码窗口，添加 Form2 的激活事件代码如下：

```csharp
private void Form2_Activated(object sender, EventArgs e)
{
    textBox1.Text="";                                   //清空文本框
    textBox1.Focus();                                   //让文本框获得输入焦点
    label1.Text="请输入第"+(Form1.i+1)+"个数: ";        //提示输入数据
}
```

切换到设计窗口，双击 Form2 窗体中的"确定"按钮，为"确定"按钮添加单击事件处理代码如下：

```
private void button1_Click(object sender, EventArgs e)
{
    Form1.num[Form1.i]=int.Parse(textBox1.Text);   //数组中下标为 i 的元素获取
                                                    //当前文本框中的值
}
```

3．程序的运行

按【F5】键运行该应用程序，单击"数据排序"对话框中的"开始"按钮，弹出"输入数据"对话框，依次输入数字后，单击"确定"按钮，当输入完 10 个数字后，显示排序结果，参考图 4-1、图 4-2。

相关知识

1．数组的创建与引用

数组的声明与其他变量的声明一样，只是在数组类型名称后多加上了一对或几对方括号，通过方括号来标识出声明的不是单一变量。数组声明的一般格式如下：

访问修饰符 类型名称[] 数组名；

访问修饰符表示数据变量的访问权限，如果省略，则默认为 private（私有）类型；类型名称用于指定数据元素的数据类型，如 string、int 等；数组名也要遵循 C#标识符的命名规则。

数组被声明后，C#并不会实际创建它们，与对象类型相似，数组被声明后，需要将其实例化，C#也是用 new 运算符创建数组对象。

本任务中声明并实例化了一个包含 10 个整型数据的全局静态数组，代码如下：

```
public static int[] num=new int[10];
```

等价于：

```
public static int[] num ;
num=new int[10];
```

一旦数组被实例化，C#不仅为数组元素分配所需的内存空间，而且数组元素也被初始化为相应的默认值。常用基本类型被初始化时的默认值，如表 4-3 所示。

表 4-3　常用基本类型初始化时的默认值

类　型	默认值	类　型	默认值
数值类型（int、float、double 等）	0	字符串类型（string）	null（空值）
字符类型（char）	' '（空格）	布尔类型（bool）	false

数组在实例化时，可以对数组元素设定初始化值。一旦初始化，就需要对数组中的所有元素初始化，初始化列表中的数据个数一定要与数组元素个数相等。例如：

```
int[] array1=new int[5]{1,2,3,4,5};
```

为数组 array1 的 5 个数组元素，分别赋值。上面的数组初始化语句也可以简写为：

```
int[] array1={1,2,3,4,5};
```

C#会自动实例化数组，并确定数组元素的个数。

对数组中某个数组元素变量进行引用的一般格式为：

数组名 [下标]；

下标作为索引，用于指明该数组元素在数组中的位置，下标默认从 0 开始计数，下标可以是整型常数或整型表达式。任务中对数组元素的引用很多，如下：

```
for(i=0; i<10; i++)
    label1.Text+=num[i]+" ";
```

2．窗体的对话框模式

在多窗体 WinForm 程序中，有很多种方法在窗体间传递参数，本任务中，在窗体 1 的类体中声明一个静态全局数组变量，这样在其他窗体中也可以对该变量进行存取或引用操作。

如果窗体被实例化以后，调用了该实例的 ShowDialog()方法，那么该窗体便会以对话框模式显示。本任务中，将窗体 2 以对话框模式显示。该类型显示的窗体在被关闭后，可以返回一个 DialogResult（对话框结果）值，它描述了窗体关闭的原因，如 OK、Cancel、yes、no 等。为了让窗体返回一个 DialogResult，必须设置窗体的 DialogResult 值，或者在窗体的一个按钮上设置 DialogResult 属性。该任务在设计窗体时，即设定窗体 2 的"确定"按钮的 DialogResult 属性为"OK"，设定"取消"按钮的 DialogResult 属性为"Cancel"，根据用户单击按钮的结果来决定窗体 2 结束时，该窗体返回的 DialogResult 值，再以此值来决定是否给当前数组元素重新赋值。

本任务中，在窗体 1 中实例化 Form2 窗体的对象后，调用窗体 2 的 ShowDialog()方法后，程序转到窗体 2 执行，完成窗体 2 的执行后，再转回到窗体 1，执行调用 ShowDialog()方法后的语句。

```
for(i=0; i<10; )
{
    //显示Form2对象frm2窗体，如果单击frm2窗体的"确定"按钮，则循环变量增1
    if(DialogResult.OK==frm2.ShowDialog())
        i++;
}
```

窗体 2 的 ShowDialog()方法被调用后，显示窗体 2，同时窗体 2 的 Actived（激活）事件代码被执行，用户输入数字后，单击"确定"按钮或"取消"按钮都会留下一个 DialogResult（对话框结果），然后返回到窗体 1 的调用点处，继续执行。

for 循环是为了让用户把 10 个数字都输完，如果用户在窗体 2 中输入数字后，单击"确定"按钮，就会给窗体 2 的 DialogResult（对话框结果）赋值为"OK"，这样就为窗体 1 的数组当前元素成功赋值；反之，若单击的是"取消"按钮，那么窗体 2 的 DialogResult 结果为 Cancel，这样窗体 1 数组当前元素赋值不成功，循环继续，且元素下标不变。

4.1.2 变长数组

4.1.1 小节中的数组是固定长度的，也就是说，定义数组时，就指定了数组的大小，如下：
`int[] num = new int[10];`

这样一来，数组最多只能保存 10 个元素，如果要保存更多的元素，就必须对代码进行修改。但是有的时候，在程序运行过程中才能确定数组元素的个数，比如由用户指定元素个数，那么在编程过程中就需要使用可变长度的数组声明方式。

任务 2　数据排序修改

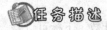
任务描述

本任务与任务 1 的区别在于，由用户在运行程序时指定需要输入的数字个数，而不是只能输入 10 个数字。程序运行界面如图 4-6 所示。

任务实施

1. 创建项目和窗体

在任务 1 的窗体 1 上，新添加 1 个文本框控件和 1 个标签控件，修改界面如图 4-7 所示，控件的属性值如表 4-4 所示。

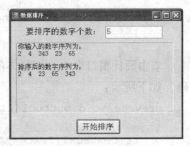

图 4-6　程序运行界面

图 4-7　"数据排序"程序修改后的界面布局

表 4-4　窗体控件的属性值

对象类型	对象名	属 性	值
窗体	Form1	Text	数据排序
标签	label1	Text	
		AutoSize	False
		BorderStyle	Fixed3D
	label2	Text	要排序的数字个数：
命令按钮	button1	Text	开始排序
文本框	textBox1	Text	

2. 代码的编写

打开 Form1 窗体的代码窗口（选中设计窗口中的 Form1 窗体，按【F7】键），在 Form1 类定义的类体中声明静态数组与变量，代码如下：

```
public partial class Form1:Form
{
    private int size;
    public static int[] num ;
    public static int i;

    public Form1()
    {
```

```
        InitializeComponent();
    }
}
```

双击设计窗口中 Form1 窗体的"开始排序"按钮，为"开始排序"按钮添加单击事件处理代码，如下所示：

```
private void button1_Click(object sender, EventArgs e)
{
    if(textBox1.Text=="")
    {
        MessageBox.Show("请输入要排序的数字的个数");
        return;
    }
    size=Int32.Parse(textBox1.Text);
    num=new int[size];

    Form2 frm2=new Form2();    //声明并实例化Form2窗体对象frm2
    for(i=0; i<num.Length; )
    {
        //显示Form2对象frm2窗体，如果单击frm2窗体的"确定"按钮，则循环变量增1
        if(DialogResult.OK==frm2.ShowDialog())
            i++;
    }
    label1.Text="你输入的数字序列为： \n";
    foreach(int anumber in num)
        label1.Text+=anumber+"  ";              //输出当前元素值

    int temp=num[0];   //定义帮助数组元素交换的中间变量temp
    label1.Text+="\n\n排序后的数字序列为： \n";
    for(i=0; i<num.Length-1; i++)    //将数组num中的数组元素按照从小到大
                                     //的顺序排序
    {
        for(int j=i+1; j<=num.Length; j++)
        {
            if(num[i]>num[j])
            {
                temp=num[i];
                num[i]=num[j];
                num[j]=temp;
            }
        }
    }
    for(i=0; i<num.Length; i++)
        label1.Text+=num[i]+"  ";              //输出排序后的数组
}
```

3．程序的运行

按【F5】键运行该应用程序，在"数据排序"对话框的文本框中，输入要排序的数字个数，单击【开始排序】按钮，弹出"输入数据"对话框，依次输入数字后，单击"确定"按钮，当输入完数字后，显示排序结果，参考图4-6。

相关知识

1. 变长数组的声明与创建

C#允许变长数组的声明,可以在每次运行程序时得到长度不同的数组,变长数组的声明方式如下:

```
int size;
int[] num ;
size=Int32.Parse(textBox1.Text);
num=new int[size];
```

在上述代码中创建 num 数组的语句 num=new int[size];中, size 为一个变量,其值由用户运行程序时在文本框 1 中输入的数字决定,所以每次运行程序时,num 数组变量有可能指向的是长度不同的数组。

由于数组大小未定,所以在创建变长数组后,不能将其初始化,下面的语句是错误的:

```
int size;
int[] num ;
size=Int32.Parse(textBox1.Text);
num=new int[size] {32, 56, 231};
```

2. 数组的 Length 属性

数组对象的 Length 属性,用于指示当前数组所包含的元素个数,当事先不知道数组包含多少元素时,如此例中的变长数组,就必须要使用 Length 属性来作为循环的边界,如下所示:

```
for(i=0; i<num.Length; i++)
    label1.Text+=num[i]+"  ";     //输出排序后的数组
```

由于数组的下标是从 0 开始,所以数组中最后一个元素的下标值就应该比数组的长度小 1,即为 Length-1,如:

```
for(i=0; i<num.Length-1; i++)              //num[i]最大取倒数第二个元素
{
    for(int j=i+1; j<=num.Length; j++)   //num[j]最大取最后一个元素
    {
        if(num[i]>num[j])
        {
            temp=num[i];
            num[i]=num[j];
            num[j]=temp;
        }
    }
}
```

3. foreach 循环语句

C#专门提供了一种用于访问数组所有元素的 foreach 循环语句。与 for 循环语句类似,foreach 语句也是重复执行指定的一组语句,但 foreach 专门用于读取数组中的每个元素。foreach 循环语句的一般格式如下:

```
foreach (类型名称 变量名称 in 数组名称)
{
    语句序列
}
```

"变量名称"用于循环读取数组中的每个元素值。该变量的类型必须与数组的数据类型一致，或者能够隐式地转换为同一类型。

"类型名称"是可选项。如果"变量名称"所指变量已经在前面声明过，就不需要再次写出其类型名称。反之，未声明过的变量在 foreach 中应用时，一定要写明其类型。

foreach 语句的循环次数为数组中元素的个数。

本任务中的 foreach 语句如下：

```
foreach(int anumber in num)
    label1.Text+=anumber+" ";    //输出当前元素值
```

用于将 num 数组中的所有元素输出。

4.2 多维数组

在某些复杂的情况下，如要保存一张表格数据时，用一维数组就有点不方便了。一维数组可以看成是一个数据序列，用一个索引（下标）来表示每个数据元素在这个序列中的位置，而二维数组就很像是具有行和列的表格，一个维度表示行坐标，一个维度表示列坐标，唯一地确定数据在数据矩阵中的位置。例如，如表 4-5 所示的仓库库存表，它的数据有 4 行 3 列，4 行代表 4 个货物品种，3 列代表 3 个不同的仓库，第 1 列代表 1 号仓库的库存情况，第 1 行代表"A 货品"在每个仓库中的库存情况。

表 4-5 仓库库存表

货品名称	1 号仓库	2 号仓库	3 号仓库
A 货品	100	200	300
B 货品	200	140	230
C 货品	40	10	50
D 货品	200	3	37

可以用一个二维数组来记录这个表 4-5 中的数据，首先声明并创建一个二维数组 goods，代码如下：

```
int[ , ] goods=new int[4,3];
```

声明多维数组时，用逗号表示维数，一个逗号表示二维数组，两个逗号表示三维数组，以此类推。new int[4,3]表示该数组为一个 4 行 3 列的数组，其中逗号左侧的值为行数，逗号右侧的值为列数。

为多维数组指定初始化值时，每一行的值需用大括号括起来，行与行之间用逗号分隔，如下所示：

```
goods={{100, 200, 300},{200, 140, 230},{40, 10, 50},{200, 3, 37}};
```

任务 3 货品数量计算

任务描述

已知某公司 3 个仓库的库存情况，如表 4-5 所示，试计算出每个仓库的库存总量，以及每种货品的总量。程序运行结果如图 4-8 所示。

图 4-8　程序运行结果

任务实施

1. 创建项目和窗体

（1）创建一个"Windows 应用程序"项目。

（2）向窗体上添加 3 个标签控件、1 个命令按钮控件，界面布局如图 4-9 所示，控件的属性值如表 4-6 所示。

图 4-9　"货品数量计算"程序主窗体界面布局

表 4-6　窗体控件的属性值

对象类型	对象名	属　性	值	备　注
窗体	Form1	Text	货品数量计算	
标签	labelColumn	Text		列名标签框
		AutoSize	False	
		BorderStyle	Fixed3D	
	labelRow	Text		行名标签框
		AutoSize	False	
		BorderStyle	Fixed3D	
	labelResult	Text		结果标签框
		AutoSize	False	
		BorderStyle	Fixed3D	
按钮	button1	Text	清空 1 号仓库	

2. 代码的编写

（1）打开 Form1 窗体的代码窗口（选中设计窗口中的 Form1 窗体，按【F7】键），在 Form1 类定义的类体中，类构造函数 public Form1()后声明并初始化二维数组 goods：

```
public partial class Form1 : Form
{
    public Form1()
    {
        InitializeComponent();
    }

    int[,] goods={ { 100, 200, 300 }, { 200, 140, 230 }, { 40, 10, 50 }, { 200, 3, 37 } };
    …
}
```

（2）在二维数组变量的声明后，输入显示数据的自定义函数 showResult()，代码如下：

```
private void showResult()
{
    int sum1, sum2;
    sum1=sum2=0;
    labelColumn.Text="1号仓库    2号仓库    3号仓库    合计";
    labelRow.Text="A货品\nB货品\nC货品\nD货品\n合计";
    for(int i=0; i<=goods.GetUpperBound(0); i++)
    {
        for(int j=0; j<=goods.GetUpperBound(1); j++)
        {
            if(goods[i, j]<10)
            {
                labelResult.Text+="  ";    //数字为1位数，在数字前加上2个空格
            }
            else if(goods[i, j]>=10 && goods[i, j]<100)
            {
                labelResult.Text+=" ";    //数字为2位数，在数字前加上1个空格
            }
            labelResult.Text+=goods[i, j]+"    ";
            sum1+=goods[i, j];
        }
        labelResult.Text+=sum1;
        labelResult.Text+="\n";
        sum1=0;
    }
    for(int j=0; j<=goods.GetUpperBound(1); j++)
    {
        for(int i=0; i<=goods.GetUpperBound(0); i++)
        {
            sum2+=goods[i, j];
        }
        if(sum2<10)
        {
            labelResult.Text+="  ";    //数字为1位数，在数字前加上2个空格
```

```
        }
        else if(sum2>=10&&sum2<100)
        {
            labelResult.Text+=" ";    //数字为2位数,在数字前加上1个空格
        }
        labelResult.Text+=sum2;
        labelResult.Text+="      ";
        sum2=0;
    }
}
```

(3)在设计窗口中的 Form1 窗体上双击,为窗体载入事件添加如下代码:
```
private void Form1_Load(object sender, EventArgs e)
{
    showResult();
}
```

(4)双击"清空 1 号仓库"按钮,为该按钮的 Click 事件添加如下代码:
```
private void button1_Click(object sender, EventArgs e)
{
    int[ ,] newArray=goods;
    for(int i=0;i<=newArray.GetUpperBound(0);i++)
        newArray[i,0]=0;
    labelResult.Text="";
    showResult();
}
```

3. 程序的运行

按【F5】键运行该应用程序,在"货品数量计算"窗口中会自动显示出每个仓库中每种货品的数量及总计结果。单击"清空 1 号仓库"按钮后,会将 1 号仓库内的货品数量都清零,重新显示所有仓库的库存情况及总计结果,参考图 4-8。

相关知识

1. 多维数组的访问

访问多维数组时,要用多个下标来唯一确定数组中的某个元素,且索引编号仍然是从 0 开始,例如,要找出 C 货品在 1 号仓库中的库存情况,即数据矩阵中第 3 行、第 1 列的元素,可以用如下方式:

```
int amount=goods[2, 0];
```

要访问二维数组中的所有元素,可以使用双重循环来实现,通常外循环控制行,内循环控制列。若有特别情况,也可以颠倒控制的顺序。

```
for(int i=0; i<=goods.GetUpperBound(0); i++)         //行标作为外循环
{
    for(int j=0; j<=goods.GetUpperBound(1); j++)     //列标为内循环
    {
        ...
        labelResult.Text+=goods[i, j]+"   ";
        sum1+=goods[i, j];
    }
    ...
}
```

2. 获取维长度

数组的维度存放在属性 Rank 中，每一维的长度可以通过 GetLength()方法获得。维度的最小下标是 0，最大下标可以通过 GetUpperBound()方法返回，代码如下：

goods.GetUpperBound(0)=goods.GetLength(0)-1;

GetLength()方法和 GetUpperBound()方法都需要参数，参数就是要查找的维数，也是从 0 开始计数。0 代表第 1 维，1 代表第 2 维，以此类推。

goods.GetUpperBound(0)返回的是第 1 维的最大下标值。

多维数组也有 Length 属性，表示的是数组中所包含的元素总数，对于一维数组，Length 属性的值与调用其 GetLength(0)方法后得到的结果相同。

3. 变量的值类型与引用类型

变量根据其数据类型的不同可以分为两类：值类型变量和引用类型变量。具有基本数据类型的变量（如整型、浮点型等）是值类型；string 类型、类、数组类型的变量是引用类型变量。

值类型变量的值，就是该变量保存的实际数据，即内存为值类型变量分配的空间内保存的就是该变量要保存的值。引用类型变量的值，是一个地址，该地址指向的是实际保存该类型数据的位置，即内存为引用类型变量分配的空间内保存的并不是 string 字符串、对象或数组，而是对应的字符串、对象或数组实际保存位置的第一个单元的地址。

值类型变量一旦声明，内存就会为其分配空间，如本任务中的语句：

```
int sum1, sum2;
sum1=sum2=0;
```

图 4-10 显示了上面两条语句执行后的结果。

声明 sum1 和 sum2 后，系统为它们分配内存单元，赋值语句的效果实际上是将 0 赋给 sum2，再把 sum2 的值赋给 sum1（sum2 的值的副本放到 sum1 单元中）。

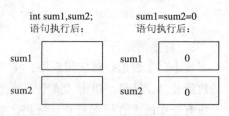

图 4-10 语句执行后的内存单元情况

引用类型的变量（又称对象变量）本身不包含数据，只是存储对数据的引用（内存地址），数据保存在内存中的其他位置。声明一个引用类型的变量后，还必须用 new 运算符创建一个该类型的对象或者直接初始化后，引用类型变量的存储单元中才会有指向实际数据存储位置的地址。

为引用类型变量赋值，将创建引用类型变量的值（内存地址）的副本，也就是引用（内存地址）的副本，而不是实际引用对象（引用标识的对象）的副本。用一个引用变量对另一个引用变量赋值，会让两个变量同时指向一个引用对象。

本任务中"清空 1 号仓库"按钮的单击事件中，将 goods 数组变量赋值给另一个数组变量 newArray 的代码如下：

```
private void button1_Click(object sender, EventArgs e)
{
    int[ ,] newArray = goods;
    for(int i=0;i<=newArray.GetUpperBound(0);i++)
        newArray[i,0]=0;
    labelResult.Text="";
    showResult();
}
```

本任务中将 goods 数组变量赋值给 newArray 数组变量的结果，并不是生成一个数组的副本，而是直接把 goods 数组变量中保存的地址，以一个副本的形式放入 newArray 数组变量中，也就是说，让 goods 数组变量和 newArray 数组变量同时指向一个数组对象，如图 4-11 所示。

数组赋值后，newArray 变量和 goods 变量都指向同一个地址，用 newArray 变量改变数组中的值后，goods 指向的数组也会发生相应的变化。因为它们指向的是同一个数组，所以最后再调用 showResult()方法显示 goods 数组变量指向的数组数据时，会发现第 1 列中的所有数据清零了。

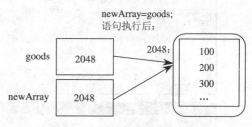

图 4-11　数组赋值后的结果

4.3　数组列表与控件数组

4.3.1　数组列表

不管是基本类型的数组，还是引用类型的数组，当创建一个数组对象时，数组的大小（数组元素个数）都是固定的，要改变数组的大小是比较困难的。使用数组列表 ArrayList 类可以创建动态调整大小的数组，可以使用 ArrayList 类的 Add()、Insert()、Remove()及 Clear()方法对数组列表进行大小调整操作。

数组列表（ArrayList）属于集合，它含有很多数组特性，要声明一个 ArrayList，必须在代码中包含对 System.Collection 命名空间的引用。

数组列表中每个元素的数据类型为 object（对象型），因此可以将任何类型的数据放入数组列表中。一个已经实例化的数组常用来初始化数组列表，一般格式如下：

ArrayList 数组列表名=new ArrayList（数组名）;

数组列表中元素的保存和访问方法与数组中元素的保存和访问方法一致，如下：

```
int[] myAry=new int[8];
ArrayList myAryList=new ArrayList(myAry);
myAryList[6]=98;
int a=myAryList[6];
```

如果控件包含 Items 属性，那么该属性就可以被当做一个数组列表使用。

任务 4　数组列表的使用

任务描述

打开窗体时，就会在组合框 1 中随机生成 10 个 1～100 之间的整数，单击"复制"按钮，就会将组合框 1 中的数据复制到右侧的标签框中；在组合框中输入新数据，单击"添加"按钮，就会将该数据加入，并在标签框中显示复制得到的新的数组列表；在组合框中选中要删除的数据，单击"删除"按钮，就会将该项删除，并在标签框中显示新的数组列表；单击"升序"按钮，就会将组合框中的数据按照升序排列，并显示在标签框中。运行结果如图 4-12 所示。

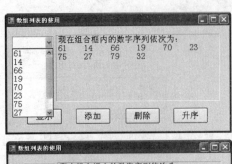
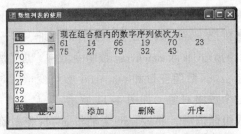
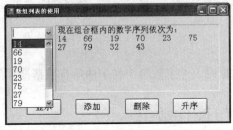
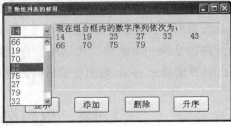

图 4-12 单击"显示"、"添加"、"删除"、"升序"按钮后的显示结果

任务实施

1. 创建项目和窗体

（1）创建一个"Windows 应用程序"项目。

（2）向窗体上添加 1 个标签控件、4 个命令按钮控件、1 个组合框控件，界面布局如图 4-13 所示，控件的属性值如表 4-7 所示。

图 4-13 "数组列表的使用"程序主窗体界面布局

表 4-7 窗体控件的属性值

对象类型	对象名	属 性	值
窗体	Form1	Text	数组列表的使用
标签	label1	Text	
		AutoSize	False
		BorderStyle	Fixed3D

续表

对象类型	对象名	属 性	值
按钮	button1	Text	显示
	button2	Text	添加
	button3	Text	删除
	button4	Text	升序
组合框	ComboBox1		

2. 代码的编写

（1）打开 Form1 窗体的代码窗口（选中设计窗口中的 Form1 窗体，按【F7】键），在 Form1 类定义的类体中，添加下面两个自定义方法：

```
//  生成一组 randomNumber 个数的随机数，随机数范围在 minValue 和 maxValue 之间
private int[] GetRandoms(int minValue, int maxValue, int randomNumber)
{
    int[] rtnRandoms=new int[randomNumber];
    for(int i=0; i<randomNumber; i++)
    {
        Random r=new Random(DateTime.Now.Millisecond+i);
        rtnRandoms[i]=r.Next(minValue, maxValue);
    }
    return rtnRandoms;
}

//  在标签框中显示组合框中的内容
private void showResult(int size)
{
    object[] myAryList=new object[size]; ;
    comboBox1.Items.CopyTo(myAryList, 0);
    label1.Text="现在组合框内的数字序列依次为: \n";
    for(int i=0; i<size; i++)
        label1.Text+=myAryList[i].ToString()+"   ";
}
```

（2）双击窗体，添加窗体载入事件处理代码，如下：

```
private void Form1_Load(object sender, EventArgs e)
{
    //生成10个不相同的1～100之间的随机整数
    int[] rmAry=GetRandoms(1, 100, 10);
    for (int i=0; i<10; i++)
        comboBox1.Items.Add(rmAry[i]);
}
```

（3）添加"显示"按钮的 Click 事件处理代码，如下：

```
private void button1_Click(object sender, EventArgs e)
{
    showResult(comboBox1.Items.Count);
}
```

（4）添加"添加"按钮的 Click 事件处理代码，如下：

```
private void button2_Click(object sender, EventArgs e)
{
    comboBox1.Items.Add(Int32.Parse(comboBox1.Text));
```

```
    showResult(comboBox1.Items.Count);
}
```
（5）添加"删除"按钮的 Click 事件处理代码，如下：
```
private void button3_Click(object sender, EventArgs e)
{
    comboBox1.Items.Remove(comboBox1.SelectedItem);
    showResult(comboBox1.Items.Count);
}
```
（6）添加"升序"按钮的 Click 事件处理代码，如下：
```
private void button4_Click(object sender, EventArgs e)
{
    ArrayList myAryList=new ArrayList(comboBox1.Items);
    myAryList.Sort();
    label1.Text="现在组合框内的数字序列依次为：\n";
    for(int i=0; i<myAryList.Count ;i++)
        label1.Text+=myAryList[i].ToString()+"   ";
}
```

3. 程序的运行

按【Ctrl+F5】组合键运行该应用程序，单击"显示"按钮，将组合框内的数据显示在标签框中；在组合框内输入数据（不重复），单击"添加"按钮，添加该数据到组合框，并且在标签框中显示更新后的数组列表；在组合框中选择数据，单击"删除"按钮，从组合框中删除该数据，并且在标签框中显示更新后的数组列表；单击"升序"按钮，将组合框中的数组列表按从小到大的顺序排列显示在标签框中，组合框中的顺序不变。运行结果参考图 4-12。

相关知识

1. 生成不同的随机数

Random 类是一个伪随机数生成器，伪随机数是以相同的概率从一组有限的数字中选取的。所选数字并不具有完全的随机性，因为它们是用一种确定的数学算法选取的，但是从实用的角度而言，其随机程度已足够。

随机数的生成是从种子值开始。如果反复使用同一个种子，就会生成相同的数字系列。产生不同数字序列的一种方法是使种子值与时间相关，这样一来，对于 Random 的每个新实例，都会产生不同的系列。默认情况下，Random 类的无参数构造函数使用系统时钟生成其种子值，而参数化构造函数可根据当前时间的计时周期数采用 Int32 值。但是，因为时钟的分辨率有限，所以如果使用无参数构造函数连续创建不同的 Random 对象，就会创建生成相同随机数序列的随机数生成器。

本任务中要生成 10 个互不相同的随机数，在循环中用 10 个不同的种子（当前时间发生变化）分别初始化随机数生成器，能够保证 10 次生成的随机数各不相同，如下所示：
```
int[] rtnRandoms=new int[randomNumber];
for(int i=0; i<randomNumber; i++)
{
    Random r=new Random(DateTime.Now.Millisecond+i);
    rtnRandoms[i]=r.Next(minValue, maxValue);
}
```

2. 数组与数组列表的常用属性和方法

数组与数组列表都属于类，它们和控件一样，本身都具有一定的属性和方法，在程序中合理使用，可以提高程序设计效率。

（1）Length 与 Count 属性。

数组的 Length 属性与数组列表的 Count 属性意义相近，表示数组（列表）中元素的个数。

数组的 Length 属性是只读属性，不能直接修改其属性值，该属性是在数组被实例化时被设定值的，在操作数组时，可以利用该属性避免下标越界。

数组列表的 Count 属性也不能被直接修改，但是它的值是可以随着列表元素的添加或删除而自动变化的。

（2）Capcity 属性。

Capcity 属性表示的是 ArrayList 可以存储的元素个数。Count 是 ArrayList 实际包含的元素个数，所以 Capcity 的值总是大于或等于 Count。如果添加了新元素，使得 Count 的值大于或等于 Capcity 属性值后，系统会将该数组列表的容量重新分配，数组大小也随之增加。

（3）Clone()方法与 CopyTo()方法。

克隆（Clone）和复制（CopyTo）方法均为数组复制操作，数组与数组列表均有这两种方法。Clone()方法的一般格式如下：

```
目标数组名=（数组类型名称）源数组名.Clone();
```

例如：

```
int[] arrayA=new int[6]{23,34,45,56,67,78};    //声明并实例化数组 arrayA, 作为
                                                //源数组
int[] arrayB;                                   //声明数组 arrayB, 作为目标数组
arrayB=(int[])arrayA.Clone();                   //使用 Clone 方法
```

使用克隆方法，将得到一个与源数组一模一样的数组，且目标数组不需要再进行实例化操作。

CopyTo()方法的一般格式如下：

```
源数组名.CopyTo(目标数组名，起始位置);
```

例如：

```
int[] arrayA=new int[5]{1,2,3,4,5};        //声明并初始化数组 arrayA
int[] arrayB=new int[7]{7,6,5,4,3,2,1};    //声明并初始化数组 arrayB
arrayA.CopyTo(arrayB, 0);   //将数组 arrayA 复制到数组 arrayB 中，从索引值 0 开始，
                            //即新的 arrayB 的结果为{1,2,3,4,5,2,1}
```

本任务中，将组合框数组列表复制到一个对象数组中，代码如下：

```
object[] myAryList=new object[size];        //size 为组合框数组列表的长度
comboBox1.Items.CopyTo(myAryList, 0);
```

3. Sort()方法

Sort()方法将数组中的元素按升序排序。数组与数组列表都有该方法，但是使用格式不同，数组的 Sort()方法的一般格式为：

```
Array.Sort(数组名称);
```

例如：

```
char[] arrayA=new char[5]{'D','H','A','C','X'};
Array.Sort(arrayA);
```

排序后，arrayA 中的元素值的顺序为：A、C、D、H、X。

数组列表的 Sort()方法一般格式为：

```
数组列表名.Sort();
```

本任务中，有如下语句：
ArrayList myAryList=new ArrayList(comboBox1.Items); //用组合框数组列表生成一
                                                    //新数组列表
myAryList.Sort();

4．Add(object)方法

数组列表中的 Add()方法将 object 添加到 ArrayList 的末尾处，该方法的返回值为添加 Object 处的索引值，代码如下：

comboBox1.Items.Add(Int32.Parse(comboBox1.Text));

5．Remove(value)方法

该方法用于从 ArrayList 中移除 value 指定的对象的第一个匹配项。

6．RemoveAt(index)方法

该方法用于从 ArrayList 中移除 index 指定索引处的元素。

7．Clear()方法

该方法用于从 ArrayList 中移除所有元素。

8．Insert(index，value)方法

该方法用于在 ArrayList 中 index 指定索引处，插入 value 对象。

9．IndexOf(object)方法

搜索指定的 object，如果在整个 ArrayList 中找到 object 的第一个匹配项，则返回值为从 0 开始到该处的索引；否则返回-1。

4.3.2 控件数组

窗体上相同类型的控件可以组合成控件数组。

任务 5　控件数组的运算

任务描述

在窗体的文本框中分别显示不同的数值，单击"求和"按钮，计算出所有文本框中数字的总和并显示在标签框中；单击"降序"按钮，文本框中的数字从大到小排列，单击"对角线和"按钮，计算出左上到右下对角线上文本框中数字的和并显示在标签框中。要求求和和排序运算都用自定义方法完成，运行结果如图 4-14 所示。

图 4-14　"控件数组的运算"运行界面

任务实施

1. 创建项目和窗体

（1）创建一个"Windows 应用程序"项目。

（2）向窗体上添加 25 个文本框控件和 1 个标签控件，再添加 3 个命令按钮控件，适当调整文本框和标签框的字体大小，界面布局如图 4-15 所示，控件属性值如表 4-8 所示。

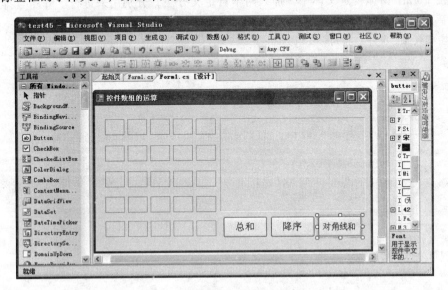

图 4-15 "控件属性运算"程序界面布局

表 4-8 窗体控件的属性值

对象类型	对象名	属 性	值
窗体	Form1	Text	控件数组的运算
标签	label1	Text	
		AutoSize	False
		BorderStyle	Fixed3D
文本框	textBox1-textBox25	Text	
		ReadOnly	True
命令按钮	button1	Text	总和
	button2	Text	降序
	button3	Text	对角线和

2. 代码的编写

（1）在 Form1 窗体类定义中，声明文本框类型的二维数组字段，代码如下：

```
private TextBox[,] tB;
```

（2）双击窗体，为窗体载入事件添加如下代码：

```
private void Form1_Load(object sender, EventArgs e)
{
    tB=new TextBox[25]{textBox1,textBox2,textBox3,textBox4,textBox5,
            textBox6,textBox7,textBox8,textBox9,textBox10,
```

```
                    textBox11,textBox12,textBox13,textBox14,textBox15,
                    textBox16,textBox17,textBox18,textBox19,textBox20,
                    textBox21,textBox22,textBox23,textBox24,textBox25};
    Random rm=new Random();
    for (int i=0; i<tB.Length; i++)
        tB[i].Text=rm.Next(100).ToString();
}
```

（3）在 Form1 窗体类定义体中，加入两个自定义方法，分别用来进行"降序"排列和计算总和，代码如下：

```
//将实参数组"降序"排列
private void desend(TextBox[] array)
{
    TextBox temp;
    for(int i=0;i < array.Length;i++)
        for(int j=i;j<array.Length;j++)
            if(int.Parse(array[i].Text)<int.Parse(array[j].Text))
            {
                temp=array[i];
                array[i]=array[j];
                array[j]=temp;
            }
}
//求数组的和
//返回值为求和的结果
private int sumAry(params TextBox[] array)
{
    int total=0;
    foreach(TextBox textB in array)
        total+=int.Parse(textB.Text);
    return total;
}
```

（4）双击窗体上的"总和"按钮，为其 Click 事件添加如下代码：

```
private void button1_Click(object sender, EventArgs e)
{
    int total=sumAry(tB);
    label1.Text="所有文本框数字之和为：\n"+total;
}
```

（5）双击窗体上的"降序"按钮，为其 Click 事件添加如下代码：

```
private void button2_Click(object sender, EventArgs e)
{
    desend(tB);
    label1.Text="降序排列如下：\n";
    int flag=0;
    for(int i=0;i<tB.Length;i++)
    {
        if(int.Parse(tB[i].Text)<10)
            label1.Text+=" ";
        label1.Text+=tB[i].Text+"   ";
        flag++;
        if(flag%5==0)
            label1.Text+="\n";
```

}
}
（6）双击窗体上的"对角线和"按钮，为其 Click 事件添加如下代码：
```
private void button3_Click(object sender, EventArgs e)
{
    int total1=sumAry(tB[0], tB[6], tB[12], tB[18], tB[24]);
    label1.Text="左上到右下对角线上的文本框数字之和为: \n"+total1;
}
```

3．程序的运行

按【Ctrl+F5】组合键运行该应用程序，会在左侧的 25 个文本框中随机生成 0～100 之间的 25 个整数，单击"总和"按钮，在标签框中显示总和；单击"降序"按钮，在标签框中显示降序排列结果；单击"对角线和"按钮，在标签框中显示从左上到右下的对角线上的文本框中数字之和，运行结果参考图 4-14。

相关知识

1．数组作为参数

任务中将数组 tB 作为实参传递给两个自定义方法，由于数组是引用类型，所以数组参数总是按引用传递。

声明方法时，数组作为形参的格式如下：
```
public|private 返回类型 方法名(类型名[] 数组名)
{
    语句序列
}
```
例如，任务中的如下代码：
```
private void desend(TextBox[] array)
{
    ...
}
```
调用方法时，数组作为实参传递的格式如下：
```
方法名(数组名);
```
例如，任务中的如下代码：
```
private void button2_Click(object sender, EventArgs e)
{
    desend(tB);    //tB 为一个文本框类型的数组
    ...
}
```

2．params 关键字

当需要向接受数组作为参数的方法传递一组非数组元素性质的数据时，可以使用 params 关键字定义方法，这样就避免了设置多个形参的麻烦。在定义方法时，在设置数组形参时使用 C#提供的关键字 params，这样在调用数组为形参的方法时，既可以传递数组作为实参，也可以只传递一组非数组元素性质的数据作为实参。

params 的使用格式如下：
```
public|private 返回类型 方法名(params 类型名[] 数组名)
{
```

语句序列
}

例如，任务中的"求和"函数如下：
```
private int sumAry(params TextBox[] array)
{
    int total=0;
    foreach(TextBox textB in array)
        total+=int.Parse(textB.Text);
    return total;
}
```
在计算所有文本框中的数字之和时，直接将 tB 数组传递给该方法：
```
private void button1_Click(object sender, EventArgs e)
{
    int total=sumAry(tB);
    label1.Text="所有文本框数字之和为：\n"+total;
}
```
在计算对角线上的文本框中的数字之和时，传递的参数是一组非数组数据：
```
private void button3_Click(object sender, EventArgs e)
{
    int total1=sumAry(tB[0], tB[6], tB[12], tB[18], tB[24]);
    label1.Text="左上到右下对角线上的文本框数字之和为：\n"+total1;
}
```

4.4 自定义类型

在处理数据的时候，常常需要将一组类型不同但内容相关，或者数据类型一致但取值范围有限的相关数据放在一起处理，使用基本数据处理相对麻烦，比如一个公司的人事记录可能包含姓名、编号、工资、电话、住址等数据，这时可以使用自定义类型来解决。

自定义数据类型包括结构和枚举，按照变量存储类型分类，自定义类型属于值类型，而不属于引用类型。

任务6 统 计 得 分

任务描述

5 个人参加知识竞赛，答对的简单题、中等题、难题的统计数目如表 4-9 所示，各种题型的分值情况如表 4-10 所示，编写一个程序，输出各个参赛者的总分，运行结果如图 4-16 所示。

表 4-9 答题情况统计

姓　　名	简 单 题	中 等 题	难　　题
李　明	17	10	1
刘　丽	15	11	2
张小白	13	13	3
宋少杰	11	12	4
王彬彬	12	14	2

表 4-10　各种题型的分值

题　　目	分　　值
简单题	2
中等题	5
难题	8

任务实施

1. 创建项目和窗体

（1）创建一个"Windows 应用程序"项目。

（2）向窗体上添加 4 个标签控件和 1 个命令按钮控件，适当调整标签框的字体大小，界面布局如图 4-17 所示，控件属性如表 4-11 所示。

图 4-16　"统计得分"程序运行界面

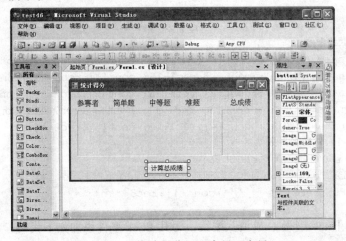

图 4-17　"统计得分"程序界面布局

表 4-11　窗体控件的属性值

对象类型	对象名	属　性	值	备　注
窗体	Form1	Text	统计得分	
标签	label1	Text	参赛者 简单题 中等题 难题	显示列标题
		AutoSize	False	
	label2	Text		显示得分情况
		AutoSize	False	
		BorderStyle	Fixed3D	
	label3	Text	总成绩	显示列标题
		AutoSize	False	
	label4	Text		显示总成绩
		AutoSize	False	
		BorderStyle	Fixed3D	
命令按钮	button1	Text	计算总成绩	

2. 代码的编写

（1）在 Form1 窗体类定义中声明结构类型和枚举类型，并声明一个结构类型的数组变量，代码如下：

```csharp
public struct Contestant          //定义参赛者名称及得分情况的结构类型
{
    public string name;
    public int rec1,rec2,rec3;
}
private Contestant[] cont;        //定义结构类型数组变量 cont

//定义各种题型的分值的枚举类型
public enum Mark {简单题=2,中等题=5,难题=8 };
```

（2）双击窗体，为窗体载入事件添加如下代码：

```csharp
private void Form1_Load(object sender, EventArgs e)
{
    cont=new Contestant[5];        //声明结构数组
    //为结构数组赋值
    cont[0].name="李 明"; cont[0].rec1=17; cont[0].rec2=10; cont[0].rec3=1;
    cont[1].name="刘 丽"; cont[1].rec1=15; cont[1].rec2=11; cont[1].rec3=2;
    cont[2].name="张小白"; cont[2].rec1=13; cont[2].rec2=13; cont[2].rec3=3;
    cont[3].name="宋少杰"; cont[3].rec1=11; cont[3].rec2=12; cont[3].rec3=4;
    cont[4].name="王彬彬"; cont[4].rec1=12; cont[4].rec2=14; cont[4].rec3=2;
    //在 label2 中显示得分情况
    for(int i=0;i<cont.Length;i++)
        label2.Text+=cont[i].name+"     "+cont[i].rec1+"     "+
            cont[i].rec2+"        "+cont[i].rec3+"\n";
}
```

（3）双击窗体上的"计算总成绩"按钮，为其 Click 事件添加如下代码：

```csharp
private void button1_Click(object sender, EventArgs e)
{
    int sum=0;
    for(int i=0; i<cont.Length; i++)
    {
        sum=cont[i].rec1*(int)Mark.简单题+cont[i].rec2 * (int)Mark.中等题
            +cont[i].rec3*(int)Mark.难题;
        label4.Text+="      " +sum+"\n";
    }
}
```

3. 程序的运行

按【Ctrl+F5】组合键运行该应用程序，单击"计算总成绩"按钮，右侧标签框中显示每位参赛者的总成绩，参考图 4-16。

相关知识

1. 结构类型

结构（struct）类型可以用来处理一组类型不同但是相关的数据。

（1）定义结构。

结构类型定义的关键字是 struct，定义的一般格式如下：

```
struct 结构类型名
{
    public 类型名 结构成员名1;
    public 类型名 结构成员名2;
    …
}
```

定义结构成员时，一般必须使用 public 访问修饰符，默认为 private，将不能直接访问。本任务中的结构定义如下：

```
public struct Contestant    //定义参赛者名称及得分情况的结构类型
{
    public string name;
    public int rec1,rec2,rec3;
}
```

结构成员的类型可以是一个基本类型，也可以是一个已经定义过的其他结构类型。

例如，定义一个 grade 成绩结构类型，以及一个 student 学生结构类型，代码如下：

```
struct grade
{
    uint score1;
    uint score2;
    uint score3;
    uint total;
}
struct student
{
    public string name;
    public grade score;
}
```

（2）声明结构变量。

在定义完结构类型后，用户可以使用结构类型名去声明自己想要的结构类型变量，就像使用基本类型声明变量一样。在声明结构类型变量的同时，也可以对其进行赋值。对结构变量的赋值，实际上是对结构类型变量的各个成员赋值，当结构变量中包含另一个结构成员，且要为该成员赋值时，需要使用大括号，各成员赋值列表项间用逗号间隔。

本任务中用定义的结构类型，声明了一个数组：

```
private Contestant[] cont;   //定义结构类型数组变量cont
```

在声明结构类型变量的同时，也可以直接为其赋值，例如：

```
student jack;
jack={"Jack", {90,80,70,240}};
```

也可以用一个结构变量为另一个结构变量赋值，例如：

```
student ben;
ben=jack
```

（3）访问结构变量。

访问结构变量常常转化为访问其结构成员，在成员名与结构变量名之间用"."号连接，其一般格式为：
    结构变量名.成员名
本任务中对结构变量数组元素的访问如下：
```
cont[0].name="李 明"; cont[0].rec1 = 17;

for(int i=0;i<cont.Length;i++)
    label2.Text+=cont[i].name+"        "+cont[i].rec1+"        "+
        cont[i].rec2+"        "+cont[i].rec3+"\n";
```
又如：
```
student ellen;
ellen.name="Ellen";
ellen.score.score1=77;
ellen.score.total=260;
```

2．枚举类型

枚举类型可以将一组相关的有限常量组合起来，保证变量只能取有限的值。

（1）定义枚举。

使用关键字 enum 定义枚举，定义枚举类型的一般格式为：
```
enum 枚举类型名
{ 符号常量1,符号常量2,…}
```
枚举常量成员的默认值为 0,1,2,…，可以在定义枚举类型时为成员赋予特定的整数值，如本任务中的分值枚举类型如下：
```
public enum Mark{简单题=2,中等题=5,难题=8 };
```
又如：
```
enum Weather
{ 晴=1,雨=2,阴=3,雪=4,雾=5}
```

（2）声明枚举变量。

在定义完枚举类型后，可以像使用基本类型声明变量一样，用枚举类型声明枚举变量。然后通过枚举变量中的成员，来得到想要访问的值。

例如：
```
Weather rain;              //声明一个枚举变量
rain=Weather.雨;           //为枚举变量rain赋值"雨"
```
要获取枚举变量被赋予的常量值，需要进行显式类型转换，例如：
```
Weather rain=Weather.雨;
int WTh=(int)rain;     //通过显式转换，将rain的常量值2赋予整型变量WTh
```
更方便的方式是直接通过枚举类型来获取枚举常量值，如本任务中的以下代码：
```
sum=cont[i].rec1*(int)Mark.简单题+cont[i].rec2*(int)Mark.中等题
    +cont[i].rec3*(int)Mark.难题;
```

本 章 小 结

本章介绍了数组的概念，数组列表的概念，控件数组的操作方法，结构数据类型及枚举数据类型。

习 题

1. 简述数组、枚举和结构的基本概念。

2. 有一个包含 10 个元素的数组，各元素的值分别为 31、94、55、83、67、72、29、12、88、56。要求：编程实现寻找数组中最小值和最大值。

3. 从键盘上输入 10 个数，要求按从小到大的顺序输出。

4. 创建 Windows 应用程序，在程序中声明两个数组，一个包含 5 个元素，一个包含 10 个元素，将包含 5 个元素的数组元素值合并到包含 10 个元素的数组中，然后克隆包含 10 个元素的数组。单击"生成与显示"按钮，输出原数组和合并、克隆后数组元素的值。

5. 创建一个 Windows 应用程序，在程序中定义一个 employee 结构，该结构包含一个 string 类型的 name 成员、一个 bool 类型的 sex 成员和一个 decimal 类型的 pay 成员，使用该结构声明实例化一个结构数组，并为数组成员赋值。单击"下一个"按钮，循环显示数组中各元素的值。

6. 创建一个 Windows 应用程序，在程序中定义一个 SolarSystem（太阳系）枚举类型，该类型包含 Sun（太阳）、Earth（地球）和 Moon（月球）常量成员，其值为各星球的半径值。单击相应的按钮，声明枚举变量，输出相应的枚举常量值。

第 5 章 面向对象程序基础

本章介绍面向对象程序设计中最基础的概念，包括类的概念、对象的概念、字段的概念、属性的概念、方法的概念、方法参数的传递、方法的重载、构造函数的概念、构造函数的重载、静态成员的概念等。

学习目标

- 区分类与对象，区分对象声明与创建；
- 区分字段与属性；
- 掌握方法的重载，以及参数传递类型；
- 掌握构造函数；
- 掌握静态成员与实例成员的区别。

5.1 类 与 对 象

类，逻辑学上将其定义成对现实世界中各类实体的抽象概念，如现实世界中游行的花车、接送学生的校车、运输泥沙的货车等，这些实体都可以被归为"汽车"类，之所以能这样归类到一起，是因为它们都有一定的共性。面向对象程序设计中类的概念，在本质上也和现实生活中的类是一致的，可以把程序设计中遇到的同一种类的数据，以及对这些数据的操作抽象出来，定义成一个类。

从数据定义的角度来看，可以把类看成是一种特定的数据类型，只不过这种数据类型和前面讲的基本数据类型（如 int、float 等）是有差别的，差别在于"类"类型的定义不仅包括对数据特征的说明，还包括对该类数据能进行的操作的说明。"类"这种特殊类型的生成，也有两个来源：一种是由系统提供并预先定义好的；另一种是用户自己定义的。

要使用某种数据类型，通常是通过声明该类型的变量来实现，而"类"这种特殊的数据类型，也要通过声明它自己的"变量"来使用，这个"变量"就是所谓的"对象"。对象一旦由类创建（实例化），就拥有了类中定义的所有成员，即有了该类的数据特征和该类定义的数据操作方法。

一个类可以声明无数个该类的对象，这些对象由一个类声明得来，所以也都拥有相同的数据特征，以及相同的数据操作方法，不同的是，每个对象都会有自己的数据特征值，这也是区分各个对象的依据，就好像张三和李四虽然都是"人"，都有会吃饭、说话、睡觉等动作，但是个体与个体之间还是有差异的（姓名、年龄、身高、相貌等特征值不同）。用类来实例化（声明）对象，就好像用一张衣服设计样式图来批量生产衣服,总体上看每件衣服都是一个样子,但是衣服的尺码、花色的分布多多少少都是有差别的。

既然类这种数据类型是由数据和对数据的操作封装在一起构成的,那么构成类的成员就有两种:保存数据的成员和操作数据的成员。保存数据的类成员又被称做"字段",操作数据的类成员又包含属性、方法和构造函数。

5.2 字 段

字段是类定义中的数据部分,它是表示与对象或类关联的变量,用来存储对象状态的值或者属性的值。类的字段可以是基本数据类型的值,也可以是其他类类型声明的对象,例如,创建的 Windows 应用程序中,向窗体类添加的各种各样的控件对象就是窗体类的字段。

任务1 改写 BMI 计算器

任务描述

修改 BMI 计算器,体脂指数计算公式为 BMI=体重/身高^2,体重的单位为千克(kg),身高的单位为米(m),当 BMI 指数为 18.5~24.9 时正常。

BMI 计算器对象,具有体重、身高属性,每一次计算 BMI,都要输入确定的身高、体重,它们的值可能不同。

在 BMI 计算器类中,声明两个字段 height 和 weight。

程序运行结果如图 5-1 所示。

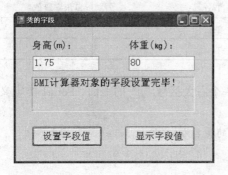 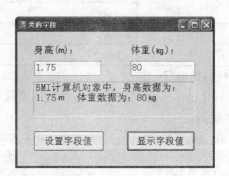

图 5-1 BMI 计算器运行结果

任务实施

1. 创建项目和窗体

(1)创建一个"Windows 应用程序"项目。

(2)向窗体上添加 3 个标签控件、2 个命令按钮控件、2 个文本框控件,界面布局如图 5-2 所示,控件的属性值如表 5-1 所示。

图 5-2 "类的字段"程序主窗体界面布局

表 5-1 窗体的控件属性值

对象类型	对象名	属　性	值
窗体	Form1	Text	类的字段
标签	label1	Text	身高（m）：
	label2	Text	体重（kg）：
	label3	Text	
		AutoSize	False
		BorderStyle	Fixed3D
命令按钮	button1	Text	设置字段值
	button2	Text	显示字段值
文本框	textBox1	Text	
	textBox2	Text	

2．代码的编写

按【F7】键打开代码窗口，在程序代码最后一个右大括号"}"的上面、Form1 类定义的下面，添加如下代码：

```
class BMICalculator        //BMI 计算器类的类名为 BMICalculator
{
    //声明字段
    private float height;
    private float weight;

    //声明读取 height 字段的值的方法
    public float GetHeight()
    {
        return height;
    }
    //声明设置 height 字段的值的方法
    public void SetHeight(float newHeight)
    {
```

```
        if(newHeight > 0)
            height=newHeight;
        else
            height=0;
    }

    //声明读取weight字段的值的方法
    public float GetWeight()
    {
        return weight;
    }
    //声明设置weight字段的值的方法
    public void SetWeight(float newWeight)
    {
        if(newWeight>0)
            weight=newWeight;
        else
            weight=0;
    }
}
```

在Form1类定义的类体中,声明BMICalculator类的对象代码如下:

```
public partial class Form1:Form
{
    public Form1()
    {
        InitializeComponent();
    }
    BMICalculator bmiCal=new BMICalculator();      //声明BMI计算器对象
}
```

双击设计窗口中Form1窗体的"设置字段值"按钮,为"设置字段值"按钮添加单击事件处理代码,如下:

```
private void button1_Click(object sender, EventArgs e)
{
    float h=float.Parse(textBox1.Text);
    float w=float.Parse(textBox2.Text);
    // 设置对象的字段值
    bmiCal.SetHeight(h);
    bmiCal.SetWeight(w);
    label3.Text="BMI计算器对象的字段设置完毕!";
}
```

双击设计窗口中Form1窗体的"显示字段值"按钮,为"显示字段值"按钮添加单击事件处理代码,如下:

```
private void button2_Click(object sender, EventArgs e)
{
    //将对象各字段值加上说明信息显示在标签框label3中
    label3.Text="BMI计算机对象中,身高数据为:"+bmiCal.GetHeight()+"m  体
    重数据为:"+bmiCal.GetWeight()+"kg";
}
```

3. 程序的运行

按【F5】键运行该应用程序，在"身高"、"体重"文本框中输入相应的数据（正值），单击"设置字段值"按钮，就能为实例化的 BMI 计算器对象设定相应的字段值；单击"显示字段值"按钮就能将 BMI 计算器对象的各字段值显示出来，参考图 5-1。

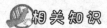相关知识

1. 声明与使用对象

在对类进行定义以后，需要通过该类实例化声明的对象，从而完成相应的功能。

声明对象的一般格式与声明一般数据类型变量的格式相同，如下所示：

类名 对象名；

类类型的变量和数组类型变量一样，也是引用型变量，所以声明类的对象后，并没有实际创建一个类的实体，必须通过"new"关键字将对象实例化，才会在内存中分配保存数据的控件，实例化对象的语法格式为：

对象名=new 类名()；

也可以将声明和实例化写在一起，如本任务中的如下代码：

BMICalculator bmiCal=new BMICalculator();

2. 类的封装

类是将数据和对数据的操作封装在一起的一种特殊数据类型，所以由类声明得到的对象，也是一个被"封装"起来的变量，对对象中数据字段的访问一般是不能直接进行的，都要通过相应的字段访问器（方法）来进行，如本任务中要设置 height、weight 字段时，调用了每个字段的 Set() 方法：

```
// 设置对象的字段值
bmiCal.SetHeight(h);
bmiCal.SetWeight(w);
```

要调用字段值时，也是采用 Get() 方法来访问字段：

```
label3.Text="BMI 计算机对象中,身高数据为: "+bmiCal.GetHeight()+"m  体重数据为: "+bmiCal.GetWeight()+"kg";
```

"封装"使对象能够向用户隐藏它们的实现（信息隐藏的原则），用户可以使用对象提供的接口（访问器方法）来使用它。隐藏类（对象）的实现详细信息，可以防止这些信息被以一种不被允许的方式使用，并使用户在以后修改此类时没有兼容性方面的问题。

3. 访问控制

访问修饰符用来控制对类的字段、属性和方法等成员的访问权限。C#中最常用的访问修饰符及其意义如表 5-2 所示。

表 5-2　访问修饰符及其意义

访问修饰符	意　义
public（公有的）	访问不受限制，可以被任何其他类访问
private（私有的）	访问只限于含该成员的类，即只能被该类中的其他成员访问
protected（保护的）	访问只限于含该成员的类及该类的派生类

如果一个类成员被声明为public（公有的），那么用户在声明该类的一个对象后，可以直接使用 对象名.成员名;

的方式来访问该成员，例如，可以直接给一个公有字段赋值，直接调用类的一个公有方法等。

在类定义中，声明成员时如果没有使用任何访问修饰符，则默认该成员为private（私有的）。私有成员不允许在类定义外用点运算符访问。

例如，在"设置字段值"按钮的单击事件处理代码中，将代码改为如下形式：

```
float h=float.Parse(textBox1.Text);
float w=float.Parse(textBox2.Text);
// 设置对象的字段值
bmiCal.height=h;
bmiCal.weight=w;
```

在编译的时候就会报错，甚至在输入代码时，都不会在C#的智能感知列表中找到这两个字段的名称，因为height和weight两个字段在类定义中被声明为private成员，不允许在对象的外部直接访问。

private类型的成员，只有采用类中定义的方法，才能被间接地访问，这也是类定义中信息隐藏原则的体现。

5.3 属 性

将类中的字段声明为私有（private），然后采用共有（public）的访问方法来进行访问是大部分面向对象程序设计语言都采用的方式。除了字段以外，C#语言还提供了一种特别的成员——属性。

任务2 使 用 属 性

任务描述

对任务1的BMI计算器程序进行修改，在BMICalculator类中，用属性声明替换访问方法声明，并在窗体类的两个按钮的单击事件处理代码中使用属性。

任务实施

1. 创建项目和窗体

与任务1的步骤相同。

2. 代码的编写

代码的修改部分用灰色底纹显示出来。

按【F7】键打开代码窗口，在程序代码最后一个右大括号"}"的上面、Form1类定义的下面，定义如下代码：

```
class BMICalculator        //BMI计算器类的类名为BMICalculator
{
    //声明字段
    private float height;
```

```
        private float weight;

        //声明属性Height
        public float Height
        {
            get
            {
                return height;
            }
            set
            {
                height=value;
            }
        }
        //声明属性Weight
        public float Weight
        {
            get
            {
                return weight;
            }
            set
            {
                weight=value;
            }
        }
```

双击设计窗口中Form1窗体的"设置字段值"按钮，为"设置字段值"按钮添加单击事件处理代码，如下：

```
private void button1_Click(object sender, EventArgs e)
{
    float h=float.Parse(textBox1.Text);
    float w=float.Parse(textBox2.Text);
    // 设置对象的字段值
    bmiCal.Height=h;
    bmiCal.Weight=w;
    label3.Text="BMI 计算器对象的字段设置完毕！";
}
```

双击设计窗口中Form1窗体的"显示字段值"按钮，为"显示字段值"按钮添加单击事件处理代码，如下：

```
private void button2_Click(object sender, EventArgs e)
{
    //将对象各字段值加上说明信息显示在标签框label3中
    label3.Text="BMI 计算机对象中，身高数据为："+bmiCal.Height+"m  体重数据为："
    +bmiCal.Weight+"kg";
}
```

3．程序的运行

按【F5】键运行该应用程序，在"身高"、"体重"文本框中输入相应的数据（正值），单击"设置字段值"按钮，就能为实例化的BMI计算器对象设定相应的字段值；单击"显示字段值"

按钮,就能将 BMI 计算器对象的各字段值显示出来,参考图 5-1。

 相关知识

1. 属性的声明

属性是类的一种字段读取器,声明属性的一般格式为:

访问修饰符 类型 属性名{get {return 字段名;} set {字段名=value;} }

其中的 get 和 set 被称为属性访问器:get 完成对数据值的读取,return 用于返回读取的值;set 完成对数据值的设置,value 是关键字,表示要写入的值。

属性名与属性要访问的字段名不能完全一样,通常采用字段名首字母大写的方式,来命名与其对应的属性。

例如:

```
public float Height
{
    get
    {
        return height;
    }
    set
    {
        height=value;
    }
}
```

要注意的是,属性的数据类型和访问权限必须在声明属性的时候定义,而不是在属性访问器中定义,并且属性的数据类型和访问权限只能是单一的。

属性访问器不是一定要具备的,根据属性定义中有无 set、get 访问器,可以将属性分为 3 类:只读属性(只有 get 访问器)、只写属性(只有 set 访问器)和读写属性(有 get、set 访问器)。

2. 属性访问器

get 访问器相当于一个无参数的方法,该方法的返回值类型、访问权限都与属性的类型和访问权限一致,在 get 访问器中,返回值作为属性值被提供给调用表达式。

在对属性进行访问时,除非该属性为赋值目标,否则就会直接调用属性的 get 访问器,读取该属性的值。

```
label3.Text="BMI 计算机对象中,身高数据为: "+bmiCal.Height+"m  体重数据为: "
    +bmiCal.Weight+"kg";
```

就是直接调用属性的 get 访问器得到字段 height 与 weight 的值。

set 访问器相当于一个无返回值的方法,该方法只有 1 个参数,且该参数的数据类型与属性的类型相同,该方法的访问权限也和属性的一致。

作为赋值目标的属性,自动调用其 set 访问器,对相关字段赋值,如下:

```
bmiCal.Height=h;
```

上面的语句调用 Height 属性的 set 访问器,对 height 字段赋值 h。

属性没有存储位置,必须用一个字段来存储属性值,但是并不意味着必须为每个属性都声明一个字段,比如当类中包含多个逻辑上相关的属性时,可以在声明这几个属性时,只声明一个字段。

get 访问器中执行的语句，并不一定只能返回某一个字段，还可以返回多个字段或调用方法以计算得到的值作为属性值。例如，可以设置一个 Bmi 属性，其 get 访问器返回的可以是 height 字段与 weight 字段计算的结果。

set 访问器也不是始终被编写成只修改私有字段的值，更新的值也可以是通过访问多个字段或调用方法计算出的值。

3. 访问类成员

C#的类成员有字段、属性、方法和常量等。

在类的内部（作用域内），可以直接通过成员的名字来访问对应的成员，如 BMICalculator 类定义中的 Height 属性访问器，在访问 height 字段时，直接使用该字段名称。

在类的外部，则必须通过该类或该类的对象名和点操作符以"对象名.成员名"方式来访问类成员，且该成员的访问权限还必须是 public（公有的），如按钮单击事件中对 Height 和 Weight 属性的访问都是采用 bmiCal.Height 和 bmiCal.Weight 的方式完成，这里 bmiCal 是 BMI 计算器类的一个实例化对象。

当成员是公有静态成员时，还可以采用"类名.成员名"方式来访问。

4. 属性和字段

在类被实例化为一个对象时，类成员中的字段会被分配相应的内存空间，用来保存对象的数据，而属性成员不会被分配内存空间以保存数据。

为字段赋值，实际上就是将数据直接放到字段被分配的内存空间中保存起来；为属性赋值，会将值传递给属性的 set 访问器的 value 参数，然后执行 set 访问器中的代码，常常都是直接将 value 参数的值赋给某个私有字段。

读取字段的值，只是将为字段分配的内存空间中的值读取出来；读取属性的值，会执行属性的 get 访问器中的代码，该代码段可能只是将某个私有字段中的值返回，也可能是要将多个字段的值进行运算后再返回。

5.4 类的方法

方法就是把一些相关的语句组合在一起，用于解决某个问题的语句块。C#语言中的方法，相当于其他编程语言中的通用过程（sub 过程）或者是函数过程。C#中的方法必须放在类中声明，也就是说，方法必须是某一个类的方法。

5.4.1 声明与调用方法

方法的使用与变量的使用一样，都要遵循先声明，后使用的原则。

任务 3 完善面向对象的 BMI 计算器

任务描述

完善任务 2 中的 BMI 计算器程序，为 BMICalculator 类添加自定义的计算 BMI 值的方法和判断体脂水平的方法,运行结果如图 5-3 所示。

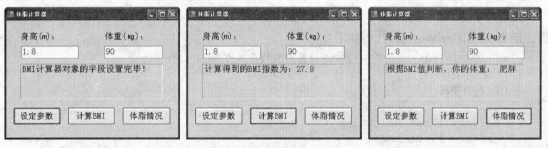

图 5-3 体脂计算器

任务实施

1. 创建项目和窗体

对任务 2 中的窗体进行修改,界面布局如图 5-4 所示,控件的属性值如表 5-3 所示。

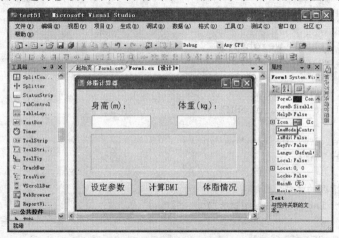

图 5-4 "体脂计算器"程序主窗体界面布局

表 5-3 窗体控件的属性值

对象类型	对象名	属 性	值
窗体	Form1	Text	体脂计算器
标签	label1	Text	身高(m):
	label2	Text	体重(kg):
	label3	Text	
		AutoSize	False
		BorderStyle	Fixed3D
命令按钮	button1	Text	设定参数
	button2	Text	计算 BMI
	button3	Text	体脂情况
文本框	textBox1	Text	
	textBox2	Text	

2. 代码的编写

按【F7】键,打开代码窗口,在程序代码最后一个右大括号"}"的上面、Form1 类定义的上面,定义 BMICalculator 类,代码如下:

```csharp
class BMICalculator      //BMI 计算器类的类名为 BMICalculator
{
    //声明字段
    private float height;
    private float weight;
    private float bmi;

    //声明属性
    public float Height
    {
        get { return height; }
        set { height=value; }
    }
    public float Weight
    {
        get { return weight; }
        set { weight=value; }
    }
    //计算BMI值的方法
    public float CalculateBMI()
    {
        bmi=weight/(height*height);
        return bmi;
    }
    //判断体脂情况的方法
    public string ShowResults()
    {
        String str="";
        if(bmi<18.5)
            str="偏瘦";
        else if(18.5<=bmi&&bmi<24)
            str="正常";
        else if(24<=bmi&&bmi<27)
            str="偏胖";
        else if(27<=bmi&&bmi<30)
            str="肥胖";
        else if(30<=bmi&&bmi<35)
            str="重度肥胖";
        else
            str="极重度肥胖";
        return str;
    }
}
```

在 Form1 类定义的类体中,声明 BMICalculator 类的对象代码如下:

```csharp
public partial class Form1:Form
{
```

```
    public Form1()
    {
        InitializeComponent();
    }
    BMICalculator bmiCal=new BMICalculator();        //声明BMI计算器对象
}
```

双击设计窗口中 Form1 窗体的"设定参数"按钮,为"设定参数"按钮添加单击事件处理代码,如下:

```
private void button1_Click(object sender, EventArgs e)
{
    float h=float.Parse(textBox1.Text);
    float w=float.Parse(textBox2.Text);
    // 设置对象的字段值
    bmiCal.Height=h;
    bmiCal.Weight=w;
    label3.Text="BMI计算器对象的字段设置完毕!";
}
```

双击设计窗口中 Form1 窗体的"计算 BMI"按钮,为"计算 BMI"按钮添加单击事件处理代码,如下:

```
private void button2_Click(object sender, EventArgs e)
{
    //将计算得到的BMI值显示在标签框label3中
    label3.Text="计算得到的BMI指数为: "+string.Format("{0:F1}", bmiCal.CalculateBMI());
}
```

双击设计窗口中 Form1 窗体的"体脂情况"按钮,为"体脂情况"按钮添加单击事件处理代码,如下:

```
private void button3_Click(object sender, EventArgs e)
{
    label3.Text="根据BMI值判断,你的体重: "+bmiCal.ShowResults();
}
```

3. 程序的运行

按【F5】键运行该应用程序,在"身高"、"体重"文本框中输入相应的数据(正值),单击"设定参数"按钮,即将参数写入 BMI 计算器对象的字段中;单击"计算 BMI"按钮,则根据输入的参数计算相应的 BMI 值;单击"体脂情况"按钮,显示身体的肥胖情况,参考图 5-3。

相关知识

1. 声明方法

声明方法的一般格式如下:

访问修饰符 返回类型 方法名(参数列表){ }

方法的访问修饰符一般都是 public,这样才能保证在类定义的外部可以调用该方法。

方法的返回类型用于指定方法计算和返回的值的数据类型,可以是任何值类型,也可以是引用类型。如果方法不返回值,就需要将返回类型写成 void。

参数列表要用一对圆括号括起来,参数列表指定了方法调用时需要使用的参数的个数,以及每个参数的数据类型，参数之间用逗号分隔。如果调用的方法不需要参数，参数列表可以为空，但圆括号不能省略。

方法体用一对大括号括起来，方法要执行的语句必须都写在这对大括号内部，每条语句仍以分号结束。

有返回值的方法，其语句序列中一定要包含一条 return 语句，以指定返回值。

例如，BMICalculator 类中计算 BMI 的方法定义为：

```
public float CalculateBMI()
{
    bmi=weight/(height*height);
    return bmi;
}
```

2. 调用方法

方法都是属于某个类的，因此方法调用的情况也可以分成两种：在所属类内部调用和在所属类外部调用。

在方法所属类内部调用的一般格式为：

方法名(参数列表);

这种调用实际上是同属一个类的其他方法成员对该方法的调用。

在方法所属类外部调用的一般格式为：

对象名.方法名(参数列表);

例如：

```
private void button3_Click(object sender, EventArgs e)
{
    label3.Text="根据BMI值判断，你的体重： "+bmiCal.ShowResults();
}
```

窗体中 button3 按钮的单击事件处理方法，通过一个实例化的 BMI 计算机器类的对象 bmiCal 来调用该类的 ShowResult()方法。

3. 方法和属性

在类的成员中，属性表示的是对象的特性，而方法是可以要求对象执行的操作。

虽然属性的定义和方法类似，其 get、set 访问器中都可以包含相应的语句，但是定义属性的目的，始终还是对对象中保存数据的字段的显示与修改，或者是对对象某些特征的显示与修改。例如，本任务中的 BMI 计算器，其属性有其保存的身高、体重，还可以设置一个 BMI 值属性，这些属性都能够表征一个 BMI 计算器对象目前所具有的状态。

而方法成员表示的不是对象的特性，而是对象可以完成的操作。例如，任务中的 BMI 计算器对象，能够完成的操作可以是计算 BMI 值的动作，或者是根据其 BMI 值判断体脂情况的动作。

5.4.2 参数传递

声明和调用方法时，常常要涉及方法参数。在方法声明中使用的参数叫做形式参数（简称形参），在调用方法的过程中传递给方法体的参数叫做实际参数（简称实参）。方法运行的过程，就是用实参代替方法体中的形参，进行相应计算的过程。

方法参数传递有两种类型:按值传递和按引用传递。

任务 4 交换文本框内容

任务描述

程序运行时,两个文本框中分别显示事先设定的数字 9 和 26,然后分别单击 3 个命令按钮,查看不同类型参数传递的结果,如图 5-5 所示。

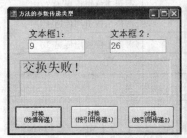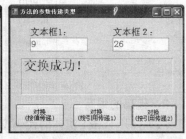

图 5-5 "方法的参数传递类型"程序运行结果

任务实施

1. 创建项目和窗体

(1)创建一个"Windows 应用程序"项目。

(2)向窗体上添加 3 个命令按钮控件、3 个标签控件、2 个文本框控件,界面布局如图 5-6 所示,控件的属性值如表 5-4 所示。

图 5-6 "方法的参数传递类型"程序主窗体界面布局

表 5-4 窗体控件的属性值

对象类型	对象名	属　性	值
窗体	Form1	Text	方法的参数传递类型

续表

对象类型	对象名	属　性	值
标签	label1	Text	文本框1:
	label2	Text	文本框2:
	label3	Text	
		AutoSize	False
		BorderStyle	Fixed3D
按钮	button1	Text	对换（按值传递）
	button2	Text	对换（按引用传递1）
	button3	Text	对换（按引用传递2）
文本框	textBox1	Text	
	textBox2	Text	

2. 代码的编写

（1）打开Form1窗体的代码窗口（选中设计窗口中的Form1窗体，按【F7】键，在Form1类定义的类体中，声明整型变量字段，代码如下：

```
int x=9, y=26;
```

在类构造函数public Form1()后声明并初始化两个变量保存文本框内数据：

（2）在类体中，根据传递参数类型不同，分别声明Swap1()、Swap2()、Swap3()方法，代码如下：

```
//按值传递参数给方法
public void Swap1(int a, int b)
{
    int c=a;
    a=b;
    b=c;
}
//按引用传递参数给方法
public void Swap2(ref int a, ref int b)
{
    int c=a;
    a=b;
    b=c;
}
//对象类型作为参数自动传递其引用
public void Swap3(TextBox a, TextBox b)
{
    TextBox c=new TextBox();
    c.Text=a.Text;
    a.Text=b.Text;
    b.Text=c.Text;
}
```

（3）在设计窗口中Form1窗体上双击，为窗体载入事件添加以下代码：

```
private void Form1_Load(object sender, EventArgs e)
{
    textBox1.Text=x.ToString();
    textBox2.Text=y.ToString();
```

（4）双击"对换(按值传递)"按钮，为该按钮的 Click 事件添加以下代码：
```
private void button1_Click(object sender, EventArgs e)
{
    int temp1=x, temp2=y;
    Swap1(x, y);                    //调用按值传递的方法 Swap1()
    textBox1.Text=x.ToString();
    textBox2.Text=y.ToString();
    if (temp1==x)                   //判断是否交换成功
        label3.Text="交换失败！";
    else
        label3.Text="交换成功！";
}
```
（5）双击"对换(按引用传递 1)"按钮，为该按钮的 Click 事件添加以下代码：
```
private void button2_Click(object sender, EventArgs e)
{
    int temp1=x, temp2=y;
    Swap2(ref x, ref y);            //调用按引用传递的方法 Swap2()
    textBox1.Text=x.ToString();
    textBox2.Text=y.ToString();
    if (temp1==x)                   //判断是否交换成功
        label3.Text="交换失败！";
    else
        label3.Text="交换成功！";
}
```
（6）双击"对换(按引用传递 2)"按钮，为该按钮的 Click 事件添加以下代码：
```
private void button3_Click(object sender, EventArgs e)
{
    int temp1=int.Parse(textBox1.Text.ToString());
    Swap3(textBox1, textBox2);      //调用按引用传递的方法 Swap3()
    if (int.Parse(textBox1.Text.ToString())==temp1) //判断是否交换成功
        label3.Text="交换失败！";
    else
        label3.Text="交换成功！";
}
```

3．程序的运行

按【F5】键运行该应用程序，依次单击 3 个对换按钮，观察文本框中显示的信息，参考图 5-5。

相关知识

1．按值传递

在按值传递的方式下，当调用方法，将实参传递给形参时，实际上是把实参的值复制给形参。内存中，实参和形参各自的存储空间中都存有相同的值，所以当方法内，对形参进行运算，改变了形参的值后，实参内的数据是不受影响的。

本任务中 Swap1()方法代码如下：
```
public void Swap1(int a, int b)
{
```

```
    int c=a;
    a=b;
    b=c;
}
```
调用按值传递的方法 Swap1() 的代码如下：

```
Swap1(x, y);
```
由于 Swap1() 方法没有返回值，所以方法的形参 a 和 b 虽然发生互换，但是都是局部变量，方法调用结束，这两个变量也没有了，完全不会影响到调用方法的实参 x 和 y。

基本类型的数据作为方法形参出现时，默认都是采用按值传递的方式。

2. 按引用传递

由于方法只能返回一个值，如果需要方法的运行能够改变多个值，可以使用按引用传递的方式，将需要改变的变量以引用方式传递给方法。

在按引用传递的方式下，当调用方法，将实参传递给形参时，不是将实参的值复制给形参，而是将实际参数的引用（内存地址）传递给形参，这样一来，形参和实参指向同一个内存地址中保存的数据，形参可以看成是实参变量的别名。

由于实参和形参指向同一个内存地址，所以方法中的形参发生了变化，就等于实参指向的那个数据也发生了变化，按引用传递方式如图 5-7 所示。

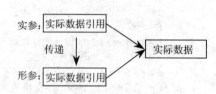

图 5-7 按引用传递方式

基本数据类型的参数按引用传递时，在形参与实参前都要使用关键字 ref，如下：

```
public void Swap2(ref int a, ref int b)
{ ... }
    Swap2(ref x, ref y);        //调用按引用传递的方法 Swap2()
```

类数据类型的参数（包括自定义类生成的对象、系统类 String 对象等）及数组类型的参数，默认都是按引用传递的，不需要在参数前使用 ref 关键字，如下：

```
public void Swap3(TextBox a, TextBox b)
{ ... }
    Swap3(textBox1, textBox2);    //调用按引用传递的方法 Swap3()
```

上面代码中的 TextBox 是文本框控件，这是系统定义的类，形参、实参都为该类对象，因此不需要使用 ref 关键字。

5.4.3 重载方法

5.4.2 小节中的 Swap2() 方法只能实现两个整型变量的值交换，如果在文本框中输入的是浮点数，程序就会报错。为了能让同一功能适用于各种类型的数据，可以利用 C# 的方法重载机制。

任务 5 方法的重载

任务描述

使用按引用传递的方式，对任务 4 中的方法 Swap2() 进行重载，使其可以完成对整型数据、浮点型数据及字符的交换功能。程序运行结果如图 5-8 所示。

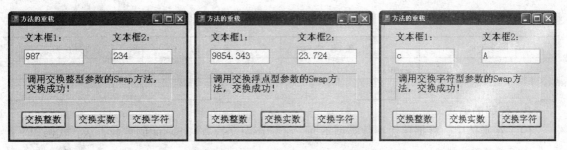

图 5-8 "方法的重载"程序运行结果

任务实施

1. 创建项目和窗体

（1）创建一个"Windows 应用程序"项目。

（2）向窗体上添加 3 个命令按钮控件、3 个标签控件、2 个文本框控件，界面布局如图 5-9 所示，控件的属性值如表 5-5 所示。

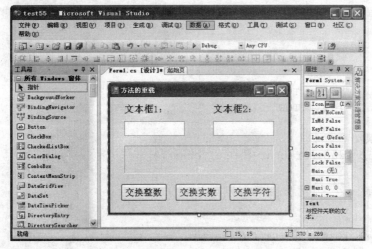

图 5-9 "方法的重载"程序主窗体界面布局

表 5-5 窗体控件的属性值

对象类型	对象名	属性	值
窗体	Form1	Text	方法的重载
标签	label1	Text	文本框 1：
	label2	Text	文本框 2：
	label3	Text	
		AutoSize	False
		BorderStyle	Fixed3D
按钮	button1	Text	交换整数
	button2	Text	交换实数
	button3	Text	交换字符

对象类型	对象名	属 性	值
文本框	textBox1	Text	
	textBox2	Text	

2. 代码的编写

（1）在类体中，根据传递参数类型不同，分别声明交换方法 Swap() 的重载方法，代码如下：

```
//交换整数类型
public void Swap(ref int a, ref int b)
{
    int c=a;
    a=b;
    b=c;
    textBox1.Text=a.ToString();
    textBox2.Text=b.ToString();
}
//交换浮点数类型
public void Swap(ref float a, ref float b)
{
    float c=a;
    a=b;
    b=c;
    textBox1.Text=a.ToString();
    textBox2.Text=b.ToString();
}
//交换字符类型
public void Swap(ref char a, ref char b)
{
    char c=a;
    a=b;
    b=c;
    textBox1.Text=a.ToString();
    textBox2.Text=b.ToString();
}
```

（2）双击"交换整数"按钮，为该按钮的 Click 事件添加以下代码：

```
private void button1_Click(object sender, EventArgs e)
{
    int temp=int.Parse(textBox1.Text);
    int x=int.Parse(textBox1.Text);
    int y=int.Parse(textBox2.Text);
    Swap(ref x,ref y);
    label3.Text="调用交换整型参数的Swap方法, ";
    if(temp==int.Parse(textBox1.Text))
        label3.Text+="交换失败! ";
    else
        label3.Text+="交换成功! ";
}
```

（3）双击"交换实数"按钮，为该按钮的 Click 事件添加以下代码：

```
private void button2_Click(object sender, EventArgs e)
{
    float temp=float.Parse(textBox1.Text);
    float x=float.Parse(textBox1.Text);
    float y=float.Parse(textBox2.Text);
    Swap(ref x, ref y);
    label3.Text="调用交换浮点型参数的Swap方法,";
    if(temp==float.Parse(textBox1.Text))
        label3.Text+="交换失败! ";
    else
        label3.Text+="交换成功! ";
}
```

（4）双击"交换字符"按钮，为该按钮的Click事件添加以下代码：

```
private void button3_Click(object sender, EventArgs e)
{
    char temp=char.Parse(textBox1.Text);
    char x=char.Parse(textBox1.Text);
    char y=char.Parse(textBox2.Text);
    Swap(ref x, ref y);
    label3.Text="调用交换字符型参数的Swap方法,";
    if(temp==char.Parse(textBox1.Text))
        label3.Text+="交换失败! ";
    else
        label3.Text+="交换成功! ";
}
```

3．程序的运行

按【F5】键运行该应用程序，分别在文本框中输入整型数据、浮点型数据及字符型数据，依次单击3个交换按钮，观察文本框中显示的信息，参考图5-8。

相关知识

1．方法的重载

所谓方法重载，是指声明两个以上的同名方法，来实现对不同类型数据的相同处理。要实现方法重载，需要注意两点：

（1）重载方法的名称一定要相同。

（2）重载方法的形参个数或形参类型必须不同。

任务中重载方法的声明如下：

```
public void Swap(ref int a, ref int b)
public void Swap(ref float a, ref float b)
public void Swap(ref char a, ref char b)
```

3个方法的声明中,都有相同的方法名Swap(),但是接受的形参类型不同,可以看做是对Swap()方法的重载。

此外，重载方法还允许方法名相同、参数个数不同的情况出现，比如定义一个求整数最大值的Max()方法，代码如下：

```
public int Max(int x, int y)
```

```
{
    return x>y?x:y;
}
```
如果要Max()方法能够对3个参数进行运算,那么可以对其进行重载,代码如下:
```
public int Max(int x, int y, int z)
{
    int temp=x>y?x:y;
    return temp>z?temp:z;
}
```
这样在求3个参数中的最大值时,也可以直接调用Max()方法,不必再重新为3个数找最大值去定义其他名称的方法,这样一来,就让一个功能(求最大值)的方法针对不同情况都能被调用。

2. 调用重载方法

声明重载方法后,当调用有重载的方法时,系统会根据调用方法时给出的实参类型或实参个数,来选择最匹配的方法予以调用。

比如在"交换整数"按钮的单击事件处理代码中,对重载方法的调用直接采用以下语句:
```
int x=int.Parse(textBox1.Text);
int y=int.Parse(textBox2.Text);
Swap(ref x,ref y);
```
在"交换字符"按钮的单击事件处理代码中,对重载方法的调用也是直接采用以下语句:
```
char x=char.Parse(textBox1.Text);
char y=char.Parse(textBox2.Text);
Swap(ref x, ref y);
```
因此,调用重载方法时,不需要针对要调用哪个重载方法而特别在调用时进行说明,系统会自动判断。

5.5 类的构造函数

构造函数是类中比较特殊的方法成员,其主要作用就是在创建对象时初始化对象。每一个类,都必须至少有一个构造函数,如果用户在定义类的时候,没有声明其构造函数,系统就会自动提供一个默认的无参数的构造方法给该类,并使用默认初始值初始化对象字段;如果用户声明了构造函数,系统就不会提供默认构造方法。

默认构造函数在初始化字段时,针对数值类型的字段,初始值为0;针对字符类型的字段,初始值为空格;针对字符串类型的字段,初始值为null(空值);针对布尔类型的字段,初始值为false。

5.5.1 声明构造函数

在类中声明构造函数时,必须给出构造函数的函数名,且必须与类名一致;还必须给出完整的方法体。声明构造函数的一般格式为:
```
类名(可选形参列表)
{
    语句序列
}
```

任务6　声明构造函数

任务描述

创建一个 Windows 应用程序，在程序中声明一个矩形 Rectangle 类，该类除了包含长、宽字段及相应属性，以及求面积的方法外，还包含一个构造函数。在使用该类声明对象时，在文本框中输入创建对象的数据，单击"创建矩形对象"按钮，则以文本框中的参数创建 Rectangle 对象，在标签框中显示出对象包含的数据，并计算出其面积，运行结果如图 5-10 所示。

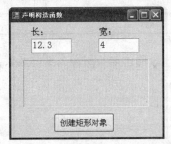 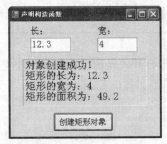

图 5-10　"声明构造函数"程序运行结果

任务实施

1. 创建项目和窗体

（1）创建一个"Windows 应用程序"项目。

（2）向窗体上添加 1 个命令按钮控件、3 个标签控件、2 个文本框控件，界面布局如图 5-11 所示，控件的属性值如表 5-6 所示。

图 5-11　"声明构造函数"程序主窗体界面布局

表 5-6　窗体控件的属性值

对象类型	对象名	属性	值
窗体	Form1	Text	声明构造函数

续表

对象类型	对象名	属性	值
标签	label1	Text	长:
	label2	Text	宽:
	label3	Text	
		AutoSize	False
		BorderStyle	Fixed3D
按钮	button1	Text	创建矩形对象
文本框	textBox1	Text	
	textBox2	Text	

2. 代码的编写

(1) 按【F7】键打开代码窗口,在 Form1 类定义的后面,即程序最后一个右大括号 "}" 的上方,定义 Rectangle 类,代码如下:

```
class Rectangle
{
    private double length;
    private double width;

    public Rectangle(double l,double w)        //声明构造函数
    {
        length=l;
        width=w;
    }
    public double Length
    {
        get { return length; }
        set { length=value; }
    }
    public double Width
    {
        get { return width; }
        set { width=value; }
    }
    public double Area()
    {
        return length*width;
    }
}
```

(2) 双击"创建矩形对象"按钮,为该按钮的 Click 事件添加以下代码:

```
private void button1_Click(object sender, EventArgs e)
{
    double l=double.Parse(textBox1.Text);
    double w=double.Parse(textBox2.Text);
    Rectangle rectangle = new Rectangle(l, w);
    label3.Text="对象创建成功! \n"+"矩形的长为: "+rectangle.Length+"\n 矩形的宽为: "+rectangle.Width+"\n 矩形的面积为: "+rectangle.Area();
}
```

3. 程序的运行

按【F5】键运行该应用程序,分别在文本框中输入矩形的长和宽,单击"创建矩形对象"按钮,标签框中将显示出矩形的参数及面积,参考图5-9。

相关知识

1. 声明构造函数

构造函数的作用是确保对象在使用之前经过正确的初始化过程。

与普通方法相比,构造函数的声明有两个特别的地方:① 构造函数不允许有返回类型(即使是void类型也不可以);② 构造函数的名称必须与类名相同(大小写都要一致)。

本任务中,在Rectangle类中声明的构造函数如下:

```
public Rectangle(double l,double w)     //声明构造函数
{    length=l; width=w;  }
```

2. 构造函数的使用

构造函数是与类同名的特殊方法,它们永远不能被直接调用,而只能在用户声明类、实例化类对象时,被系统自动调用。

系统提供的默认构造函数是没有参数的,所以用户实例化一个对象时,就不需要填写参数。如果用户在类中声明了一个构造函数,系统不会再提供默认的构造函数,所以创建对象的时候,必须按照声明的构造函数的参数要求给出实际参数,否则将出错。

本任务中,创建矩形对象的代码如下:

```
Rectangle rectangle=new Rectangle(l, w);
```

之所以要在new关键字后加上两个参数来实例化对象,是因为在声明该类的构造函数时就是需要两个参数作为形参的。

3. 析构函数

C#还提供了另一个特殊的函数成员,即析构函数。析构函数用于销毁类的实例,释放这些类实例所占用的资源。析构函数无任何参数,也不返回值。析构函数的名称与类名称相同,但需要在名称前面加上符号"~"。

析构函数是自动调用的,程序员无法控制何时调用析构函数。当任何代码都不再可能使用一个实例对象时,该实例就符合销毁条件。可以在实例符合销毁条件之后的任何时刻,执行实例的析构函数。程序退出时也会调用析构函数。

托管资源由.NET核心管理创建,非托管资源由.NET核心调用其他接口创建,.NET无法控制。析构函数只能用来清理非托管资源,不能对托管对象使用析构函数。

析构函数可以包含对象销毁前需要执行的代码(如关闭文件和保存状态信息等)。

例如,可以给Rectangle类添加一个析构函数,将创建的Rectangle对象的面积保存在外部文件中,在类定义的前方,添加命名空间引用如下:

```
using System.IO;
```

在Rectangle类的类体中,添加以下代码:

```
~Rectangle()
{
    SaveStateInfo();
```

```
}
protected void SaveStateInfo()
{
    StreamWriter sr;
    sr=new StreamWriter("D:\\StateInfo.txt",true);
    sr.WriteLine(this.Area());
    sr.Close();
}
```

5.5.2 重载构造函数

构造函数的重载，与一般方法的重载类似，其主要目的就是给创建对象提供更大的灵活性。

如果用户已经在类中自定义了一个带参数的构造函数，而又想保留默认构造函数，可以显式声明一个默认构造函数，这个默认构造函数是一个不实现任何功能的空函数，上面的 Rectangle 类，可以声明一个默认构造函数，代码如下：

```
public Rectangle()      //显式声明默认构造函数
```

由于与之前定义的构造函数，所包含的参数个数不同，这样就完成了对之前构造函数的一个重载。

任务7　重载构造函数

任务描述

创建一个 Windows 应用程序，在程序中声明一个矩形 Rectangle 类，声明矩形构造函数及正方形构造函数的重载。创建对象时，根据给出参数的个数，将对象初始化为矩形或正方形，程序运行结果如图 5-12 所示。

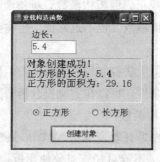

图 5-12　"重载构造函数"程序运行结果

任务实施

1. 创建项目和窗体

（1）创建一个"Windows 应用程序"项目。

（2）向窗体上添加 1 个命令按钮控件、3 个标签控件、2 个文本框控件、2 个单选按钮，界面布局如图 5-13 所示，控件的属性值如表 5-7 所示。

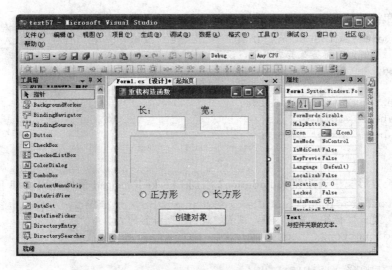

图 5-13 "重载构造函数"程序主窗体界面布局

表 5-7 窗体的控件属性值

对象类型	对象名	属 性	值
窗体	Form1	Text	重载构造函数
标签	label1	Text	长:
	label2	Text	宽:
	label3	Text	
		AutoSize	False
		BorderStyle	Fixed3D
按钮	button1	Text	创建对象
单选按钮	radioButton1	Text	正方形
	radioButton2	Text	长方形
		Checked	True
文本框	textBox1	Text	
	textBox2	Text	

2. 代码的编写

(1) Rectangle(矩形)类的定义与任务 6 相同,只需在类体中添加正方形构造函数,代码如下:

```
public Rectangle(double l)       //声明带 1 个参数的正方形构造函数重载
{
    length=width=l;
}
public Rectangle()    //声明一个默认构造函数,默认边长都为 5,该函数调用其他构造函数
    : this(5, 5)
{
}
```

(2) 选中 radioButton1 单选按钮控件,单击"属性"窗口中的 按钮,双击 CheckedChanged,

为"正方形"单选按钮 radioButton1 添加 CheckedChanged 事件代码,如下:
```
private void radioButton1_CheckedChanged(object sender, EventArgs e)
{    //隐藏"宽:"标签及其文本框,设置"长:"标签的文本为"边长:"
    if(radioButton1.Checked)
    {
        textBox2.Visible=false;
        label2.Visible=false;
        label1.Text="变长: ";
    }
}
```
(3)为"长方形"单选按钮 radioButton2 添加 CheckedChanged 事件代码,如下:
```
private void radioButton2_CheckedChanged(object sender, EventArgs e)
{    //显示"宽:"标签及其文本框,设置"边长:"标签的文本为"长:"
    if(radioButton2.Checked)
    {
        textBox2.Visible=true;
        label2.Visible=true;
        label1.Text="长";
    }
}
```
(4)双击"创建对象"按钮,为其添加 Click 事件代码,如下:
```
private void button1_Click(object sender, EventArgs e)
{
    Rectangle rectangle;                //声明矩形对象
    if(radioButton1.Checked)            //若"正方形"单选按钮被选中,则创建正方形对象
    {
        if(textBox1.Text=="")      //文本框内不输入参数,就调用默认构造函数
        {
            rectangle=new Rectangle();
        }
        else
        {
            double l=double.Parse(textBox1.Text);
            rectangle=new Rectangle(l);
        }
        label3.Text="对象创建成功! \n"+"正方形的长为: "+rectangle.Length
            +"\n 正方形的面积为: "+rectangle.Area();
    }
    else            //若"长方形"单选按钮被选中,则创建长方形
    {
        if(textBox1.Text==""&&textBox2.Text=="") //文本框内不输入参数,
                                                  //就调用默认构造函数
        {
            rectangle=new Rectangle();
        }
        else
        {
            double l=double.Parse(textBox1.Text);
            double w=double.Parse(textBox2.Text);
```

```
            rectangle=new Rectangle(l, w);
        }
        label3.Text="对象创建成功！\n"+"矩形的长为："+rectangle.Length+"\n
        矩形的宽为："+rectangle.Width+"\n矩形的面积为："+rectangle.Area();
    }
}
```

3．程序的运行

按【F5】键运行该应用程序，选择要创建的是长方形还是正方形，然后在对应的文本框中输入边长值，单击"创建对象"按钮，标签框中将显示出对象的字段值及面积，如果文本框内不输入任何值，直接单击"创建对象"按钮，将生成一个长、宽（或边长）都为5的默认的矩形对象，参考图5-12。

相关知识

1．重载造函数

与方法的重载相同，构造函数的重载必须要有相同的方法名，且与类名一致；构造函数的参数类型或参数个数要不相同，如任务中声明的3个构造函数重载如下：

```
public Rectangle(double l, double w)        //声明长方形的构造函数
{
    length=l;
    width=w;
}
 public Rectangle(double l)                 //声明带1个参数的正方形构造函数重载
{
    length=width=l;
}
public Rectangle(): this(5, 5)              //声明默认构造函数，默认边长都为5，该函数
                                            //调用其他构造函数
{
}
```

2．this 关键字

this 关键字，可以引用当前正在执行代码的类的"当前实例"。this 关键字作为引用当前实例的对象变量，可以在构造函数、实例方法和实例属性访问器中访问当前实例的成员。

如果类中某个方法声明的局部变量（只在该方法中有效），其变量名与类的某个字段的名称一样，则在该方法中，局部变量屏蔽类字段的作用域。若要在该方法中，访问被屏蔽的实例字段，可在其名称前加上关键字 this 和点操作符"."。

如本任务中，可以为 Rectangle 类建立一个 DoubleSizeRect()方法，该方法用来求矩形长、宽各放大2倍后的面积，其定义如下：

```
 Public double DoubleSizeRect()
{
    double length=this.length*2;    //放大后的矩形长度是原矩形对象长度的2倍
    double width=this.width*2;      //放大后的矩形宽度是原矩形对象宽度的2倍
    return length*width;
}
```

该方法中定义的局部变量 length 和 width 与类中定义的矩形字段同名，所以该方法中出现 length 或 width 的地方，指的是该方法中的局部变量，如果要引用原矩形对象实例中字段的值，就可以用 this.length 或 this.width 的方式。

3．调用其他构造函数

构造函数也可以通过 this 关键字，调用同一个类中的其他构造函数，如下：

```
public Rectangle():this(5, 5)     //声明默认构造函数，默认边长都为5，该函数调用其他
                                  //构造函数
{
}
```

这个无参数的构造函数调用了带两个参数的构造长方形的构造函数，并把长、宽都设为 5。这里需要注意的是，this.(…)必须紧跟在构造函数方法名的后面，不能放到方法体内或方法体后。

this(…)不能访问正在创建的实例，因此在 this(…)的参数列表中引用 this 属于编译时错误。此外，this(…)还可以访问调用它的构造函数的参数。

5.6　静态成员与实例成员

类和对象是有区别的，类是一种数据类型，而对象则可以看做是这个类实例化后得到的一个变量。类中的成员根据它们存在的周期划分，可以分成静态成员与实例成员两大类。静态成员属于类，实例成员总是与特定的实例（对象）相联系。

任务 8　计数矩形个数

任务描述

对任务 7 中的 Rectangle 类进行修改，使其可以记录生成了多少个长方形对象和多少个正方形对象，运行结果如图 5-14 所示。

图 5-14　修改后的"重载构造函数"程序运行结果

任务实施

1．创建项目和窗体

控件类型和布局与任务 7 一样，界面布局参考图 5-13，控件的属性值参考表 5-7。

2. 代码的编写

（1）在任务 7 中定义的 Rectangle（矩形）类的类体中，加入两个静态字段和两个静态方法，代码如下：

```csharp
private static int rectNum;              //静态字段，用于统计长方形对象个数
private static int sqrNum;               //静态字段，用于统计正方形对象个数

public static int GetRectNum()
{
    return rectNum;
}
public static int GetSqrNum()
{
    return sqrNum;
}
```

（2）修改 Rectangle 类的构造函数，代码如下：

```csharp
public Rectangle(double l, double w)     //声明带 2 个参数的长方形构造函数
{
    length=l;
    width=w;
    rectNum++;                           //每创建一个长方形对象，该静态变量增 1
}
public Rectangle(double l)               //声明带 1 个参数的正方形构造函数重载
{
    length=width=l;
    sqrNum++;                            //每创建一个正方形对象，该静态变量增 1
}
```

（3）修改"创建对象"按钮的 Click 事件代码中输出正方形对象信息的语句，代码如下：

```csharp
label3.Text="对象创建成功！\n"+"正方形的长为："+rectangle.Length
    +"\n 正方形的面积为："+rectangle.Area() +"\n 正方形对象的个数为："
    +Rectangle.GetSqrNum();              //使用类名调用静态方法，获取正方形对象个数
```

（4）修改"创建对象"按钮的 Click 事件代码中输出长方形对象信息语句，代码如下：

```csharp
label3.Text="对象创建成功！\n"+"矩形的长为："+rectangle.Length+"\n 矩形的宽为：
"+rectangle.Width+"\n 矩形的面积为："+rectangle.Area()+"\n 长方形对象的个数为：
"+Rectangle.GetRectNum();                //使用类名调用静态方法，获取长方形对象个数
```

3. 程序的运行

按【F5】键运行该应用程序，选择要创建的是长方形还是正方形，然后在对应的文本框中输入边长数值，单击"创建对象"按钮，标签框中将显示出对象的字段值、矩形面积，以及正方形或长方形对象的个数，参考图 5-14。

相关知识

1. 静态数据成员

有时一个类中需要用数据成员来表征全体对象的共同特征，那么这种数据成员就应该声明为静态的。例如，本任务中 Rectangle（矩形）类用两个字段来统计长方形和正方形的个数，这两个数据成员就不是某个长方形或正方形对象的特征，而是全体长方形或正方形的特征，因此用静态

数据成员的方式声明这两个字段：
```
private static int rectNum;        //静态字段，用于统计长方形对象个数
private static int sqrNum;         //静态字段，用于统计正方形对象个数
```
这两个静态数据成员，不属于任何一个特定对象，它们不能表征某个被实例化的对象的特点。静态数据成员属于类，或者说是属于该类的所有对象。

2. 静态方法

本任务中，计算矩形面积的方法 Area()是一个非静态方法，这是因为面积的计算总是涉及某个特定的矩形对象。静态方法是不向调用它的对象施加操作的方法。在以下两种情况下，需要使用静态方法：

（1）该方法不需要访问对象的状态，其所需的参数都通过显示参数提供（如 Math.Pow()方法等）。

（2）该方法只需要访问类的静态成员。

例如，本任务中返回正方形个数和长方形个数的方法如下：
```
public static int GetRectNum()
{   return rectNum; }
public static int GetSqrNum()
{   return sqrNum; }
```
静态方法也使用关键字 static 声明，静态方法属于类，为了与非静态方法区别，一般用类名调用静态方法，当然也可以用对象名调用，如下所示：
```
label3.Text="对象创建成功！\n"+"正方形的长为："+rectangle.Length
    +"\n正方形的面积为："+rectangle.Area() +"\n正方形对象的个数为："
    +Rectangle.GetSqrNum();  //使用类名调用静态方法，获取正方形对象个数
```

本 章 小 结

本章介绍了类和对象的基本概念，字段、方法、属性的概念，方法的参数传递类型，方法的重载，构造函数的概念，以及静态成员的概念。

习　题

1. 简述类与对象的关系，以及值类型与引用类型的区别。
2. 最常用的访问控制有哪些？
3. 属性是类的数据成员吗？什么是方法？C#允许在类定义的外部声明方法吗？
4. 在方法的调用中，基本数据类型作为参数，默认是按什么方式传递？类对象作为参数默认，是按什么方式传递？参数按值传递和按引用传递的区别是什么？
5. 自定义一个日期类，该类包含年、月、日字段与属性，具有将日期增加1天、1个月和1年的方法，具有单独显示年、单独显示月、单独显示日的方法，以及年月日一起显示的方法。
6. 编写一个程序用来计算雇员一周的工资，它根据每小时的薪水和工作的小时数来计算，计算应该用一个类 Wages 的实例来完成。

第 6 章 继承和多态性

本章将介绍面向对象中比较重要的两个概念——继承和多态性,重点介绍继承的基本方法,基类构造函数的调用,继承成员的隐藏,虚方法与方法重写的概念,抽象方法与抽象类的概念,接口的概念等。

学习目标

- 理解继承的特点;
- 掌握继承中成员的隐藏和重写;
- 理解抽象方法与虚方法的区别;
- 理解多态性的概念;
- 理解接口的概念。

6.1 类的继承

类的继承性,指的是在定义类时,不需要重新编写代码,就能够包含另一个类定义的字段、属性、方法等成员,这种在一个类的基础上建立新的类的过程,叫做继承。被继承的类叫做基类或父类,继承得到的新类叫做派生类或子类。

6.1.1 继承的基本概念

派生类除了可以继承基类的成员外,还可以定义新的成员,以扩展其基类。例如,Person(人)这个类,包含了各式各样的人,如学生、雇员、工人等。如果声明一个 Person 类,它包含 pid(身份证号)、name(姓名)、gender(性别)等字段,PID、Name、Gender 等属性,以 Describe() 方法(描述一个人对象的基本信息),那么在定义一个 Student(学生)类的时候,就不需要再一次重新定义这些类成员,因为 Student 也是人,直接让它继承 Person 类,那么 Student 类就自动拥有了 Person 类中定义的所有成员。此外,用户还可为 Student 类声明其特有的字段、属性(如学号、专业、年级等)、方法成员。

任务 1 基类与派生类

任务描述

创建一个 Windows 应用程序,定义 Person 类,并让 Student 类继承 Person 类,让 Student 类的

实例调用基类方法和派生类自己的方法来显示信息,运行结果如图 6-1 所示。

图 6-1 基类和派生类程序

任务实施

1. 创建项目和窗体

(1)创建一个"Windows 应用程序"项目。

(2)向窗体上添加 1 个标签框、2 个命令按钮,界面布局如图 6-2 所示,控件属性值如表 6-1 所示。

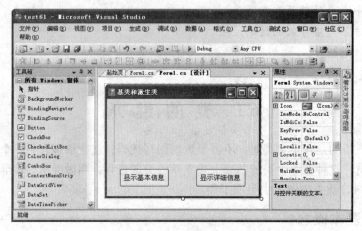

图 6-2 "基类和派生类"程序主窗体界面布局

表 6-1 窗体控件的属性值

对象类型	对象名	属 性	值
窗体	Form1	Text	基类和派生类
标签框	label1	Text	
		AutoSize	False
		BorderStyle	Fixed3D
命令按钮	button1	Text	显示基本信息
	button2	Text	显示详细信息

2. 代码的编写

(1)按【F7】键,打开代码窗口,在程序代码最后一个右大括号"}"的上方,定义基类 Person,代码如下:

```
public class Person
{
```

```
    private string pid;
    private string name;
    private string gender;
    public Person() { }
    public Person(string myid, string myname, string mygender)
    {
        pid=myid;
        name=myname;
        gender=mygender;
    }
    public string Name
    {
        get { return name; }
        set { name=value; }
    }
    public string Gender
    {
        get { return gender; }
        set { gender=value; }
    }
    public string PID
    {
        get { return pid; }
        set { pid=value; }
    }
    public string Describe()
    {
        string str="身份证号: "+PID+"\n姓    名: "+Name+"\n性    别: "+Gender;
        return str;
    }
}
```

(2) 在 Person 类的下面，最后一个右大括号的上方，定义学生类 Student，代码如下：

```
public class Student:Person
{
    private string sid;
    private string major;
    public string SID
    {
        get { return sid; }
        set { sid=value; }
    }
    public string Major
    {
        get { return major; }
        set { major=value; }
    }
    public string ShowDetail()
    {
        string str=this.Describe();
```

```
            str+="\n学    号: "+SID+"\n主修专业: "+Major;
            return str;
        }
    }
```

（3）在窗体 Form1 的类中，声明一个 Student 类的字段：

```
private Student stu;
```

（4）双击 Form1 窗体，添加窗体载入事件代码，如下：

```
private void Form1_Load(object sender, EventArgs e)
{
    stu=new Student();
    stu.PID="51230119908045";
    stu.Name="张民";
    stu.Gender="男";
    stu.SID="EC080401";
    stu.Major="计算机";
}
```

（5）双击设计窗口中 Form1 窗体的"显示基本信息"按钮，为"显示基本信息"按钮添加 Click 事件代码，如下：

```
private void button2_Click(object sender, EventArgs e)
{
    string output=stu.Describe();
    label1.Text=output;
}
```

（6）双击设计窗口中 Form1 窗体的"显示详细信息"按钮，为"显示详细信息"按钮添加 Click 事件代码，如下：

```
private void button3_Click(object sender, EventArgs e)
{
    string output=stu.ShowDetail();
    label1.Text=output;
}
```

3. 程序的运行

按【F5】键运行该应用程序，单击"显示基本信息"按钮，标签框中将显示学生的基本信息（身份证号、姓名、性别），单击"显示详细信息"按钮，标签框中将显示学生的详细信息（身份证号、姓名、性别、学号、主修专业），参考图 6-1。

相关知识

1. 派生类的声明

声明一个派生类，与声明一个一般类的格式是一样的，唯一的不同就是声明时必须使用":"指定其继承的基类，派生类声明的一般格式为：

```
public class 派生类名称:基类名称 {类体}
```

public 可以省略，类定义的默认访问类型就是公有型。

例如：

```
public class Student:Person
```

上面的语句中，Student 类是派生类，Person 类是基类。

2. 成员的访问

派生类不能继承基类中的构造函数、静态构造函数及析构函数,其他的基类成员都被派生类继承。但是,并不是所有的基类成员都可以被派生类对象随便访问,这取决于这些成员被声明时的访问修饰符。

- public——访问该成员不受限制。
- protected——访问该成员仅限于其所包含的类或其派生类,即派生类可以访问基类中的 protected 成员。
- private——访问该成员仅限于其所包含的类,即派生类不能直接访问基类的 private 成员。

本任务中的 Student 类不能存取 pid、name 和 gender 字段,也就是说,Student 类中声明的方法也是不能直接对上述属性进行存取的,因为上述 3 个字段在基类中被声明为 private 类型,派生类只有通过属性间接地存取它们。

如果将基类中这 3 个字段的属性改为 protected,则 Student 类中声明的方法就可以直接访问这几个字段了。

基类或基类的对象均不能存取派生类的成员,如 Person 类的方法不能访问 Student 类中的 Sid 或 Major 属性。

3. 派生类的构造函数

派生类默认的构造函数只是调用基类的无参数构造函数。如果基类中没有可访问的无参数构造函数,则发生编译时错误,所以在 Person 类中,需要显式声明一个无参数的构造函数,代码如下:

```
public Person() { }
```

6.1.2 调用基类构造函数

在创建派生类对象时,系统将先调用基类的构造函数,完成基类部分字段的初始化,然后再调用派生类的构造函数,完成派生类自身字段的初始化。

如果派生类中没有声明构造函数,那么系统会给它一个默认的构造函数,该默认构造函数完成的功能就是直接调用其基类的无参数构造函数,此时如果基类中没有无参数构造函数,编译时就会出错。

要在派生类中直接调用基类的构造函数,可以用 base 关键字指定要调用的基类构造函数。

任务 2　为任务 1 中的派生类 Student 创建构造函数

任务描述

任务 1 中的派生类 Student 没有构造函数,系统默认调用基类 Person 中的无参数构造函数,没有初始化任何一个字段,用显式调用基类构造函数的方法给派生类 Student 创建构造函数。本任务提供了两种创建构造函数的方法。

任务实施

1. 创建项目和窗体

本任务创建的项目和窗体与任务 1 相同。

2. 代码的编写

方法 1：打开任务 1 项目，为 Student 类添加以下构造函数。

```
public Student(string myid, string myname, string mygender):base(myid, myname, mygender) { }
```

双击窗体 Form1，对其载入事件处理代码进行修改，如下所示：

```
private void Form1_Load(object sender, EventArgs e)
{
    stu=new Student("51230119908045","张民","男");
    stu.SID="EC080401";
    stu.Major="计算机";
}
```

方法 2：打开任务 1 项目，为 Student 类添加以下构造函数：

```
public Student(string myid, string myname, string mygender,
    string mysid,string mymajor):base(myid, myname, mygender)
{
    this.sid=mysid;
    this.major=mymajor;
}
```

双击窗体 Form1，对其载入事件处理代码进行修改，如下所示：

```
private void Form1_Load(object sender, EventArgs e)
{
    stu=new Student("51230119908045","张民","男","EC080401","计算机");
}
```

3. 程序的运行

按【F5】键运行该应用程序，运行结果参考图 6-1。

相关知识

1. 向基类构造函数传递参数

派生类显式调用基类构造函数的一般格式如下：

```
public 派生类构造函数名(形参列表):base(向基类构造函数传递的实参列表){}
```

base 是 C#关键字，表示调用基类的有参构造函数。传递给基类构造函数的实参列表，通常包含在派生类构造函数的形参列表中。

```
public Student(string myid, string myname, string mygender):base(myid, myname, mygender) { }
```

构造函数中，调用基类构造函数的参数，是传递给 Student 类构造函数的形参。

```
public Student(string myid, string myname, string mygender,string mysid,string mymajor):base(myid, myname, mygender)
```

构造函数中，调用基类构造函数的参数，是传递给 Student 类构造函数的形参的一部分。

2. base 关键字

要使用":base(…)"调用基类的构造函数，":base(…)"必须在派生类构造函数方法头之后，在方法体标志"{"之前。

":base(…)"不能访问正在创建的实例，如果在":base(…)"的参数列表中引用关键字 this，就会发生编译错误。

如果派生类的构造函数方法头后有":base(…)",且自身的方法体中也有代码序列,则创建对象时,先按指定的参数调用基类特定的构造方法,然后返回执行派生类构造函数中的语句,进行派生类字段部分的初始化,代码如下:

```
public Student(string myid, string myname, string mygender,
    string mysid,string mymajor):base(myid, myname, mygender)
{
    this.sid=mysid;
    this.major=mymajor;
}
```

如果 Student 类采用上述含 5 个形参的构造方法,在实例化 Student 对象时,先用前 3 个参数作为实参调用基类中的带 3 个参数的构造函数,然后再用剩余的 2 个形参初始化 Student 对象的字段,完成对象的创建。

base 关键字本身代指"基类",所以 base 除了可以在调用基类的构造方法时使用,也可以在派生类的方法、访问器中使用。

例如,可以对 Student 类的 ShowDetail()方法进行修改,如下所示:

```
public string ShowDetail()
{
    string str=base.Describe();
    str+="\n 学    号: "+SID+"\n 主修专业: "+Major;
    return str;
}
```

6.1.3 继承成员的隐藏

派生类可以对继承自基类的某些成员进行"隐藏"。若要隐藏继承来的成员,在派生类中应使用相同的名称声明该成员,且要用 new 修饰符。

任务 3 隐藏继承成员

任务描述

定义一个基类 BaseClass,其中包含有两个公有成员字段;定义一个 BaseClass 类的派生类 DerivedC1,隐藏 BaseClass 类中的一个成员字段(设置成私有类型);再定义一个 DerivedC1 类的派生类 DerivedC2,显示相应的值,运行结果如图 6-3 所示。

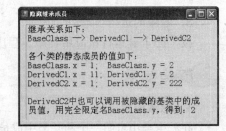

图 6-3 "隐藏继承成员"程序运行结果

任务实施

1. 创建项目和窗体

(1)创建一个"Windows 应用程序"项目。

(2)在窗体上创建 1 个标签 label1,将其 AutoSize 属性设置为 False,Text 属性设置为空,BorderStyle 属性设置为 Fixed3D,并将标签框拖放到合适的大小;窗体的 Text 属性设为"隐藏继承成员"。

2. 代码的编写

（1）按【F7】键打开代码窗口，在程序代码最后一个右大括号"}"的上方，定义基类 BaseClass、派生类 DerivedC1 及派生类的派生类 DerivedC2，代码如下：

```
public class BaseClass
{    //基类
    public static int x=1;
    public static int y=2;
}

public class DerivedC1:BaseClass
{    //基类的派生类
    new private static int x=11;
    public static int GetX()    //显示私有成员 x
    {
        return x;
    }
}

public class DerivedC2:DerivedC1
{    //派生类的派生类
    new public static int y=222;
    public static int GetBaseY()
    {
        return BaseClass.y;
    }
}
```

（2）在 Form1 窗体上双击，为窗体的载入事件添加事件处理代码，如下：

```
private void Form1_Load(object sender, EventArgs e)
{
    label1.Text="继承关系如下：\nBaseClass → DerivedC1 → DerivedC2\n"
        + "\n各个类的静态成员的值如下："+ "\nBaseClass.x = " + BaseClass.x
        + ";BaseClass.y = " + BaseClass.y+ "\nDerivedC1.x = " + DerivedC2
        .GetX() + "; DerivedC1.y = " + DerivedC1.y+ "\nDerivedC2.x="
        +DerivedC2.x+"; DerivedC2.y="+DerivedC2.y+"\n\nDerivedC2
        中也可以调用被隐藏的基类中的成员值，"+"用完全限定名
        BaseClass.y，得到："+DerivedC2.GetBaseY();
}
```

3. 程序的运行

按【F5】键运行该应用程序，程序运行结果参考图 6-3。

相关知识

1. 隐藏继承成员

在派生类中声明一个和基类中成员名称相同的成员，并且声明时使用 new 修饰符，就能够把继承自基类的成员给"隐藏"起来。例如，类 DerivedC1 隐藏了继承自基类的 x，DerivedC2 隐藏了继承得到的 y，代码如下：

```
public class DerivedC1:BaseClass
```

```
    {   //基类的派生类
        new private static int x=11;
        ...
    }
    public class DerivedC2:DerivedC1
    {   //派生类的派生类
        new public static int y=222;
        ...
    }
```

但是如果派生类（DerivedC1）为隐藏基类（BaseClass）成员而声明的成员是一个 private 类型，那么该派生类的继承类（DerivedC2）就会直接继承原始类（BaseClass）中的该成员，相当于派生类的继承类中该成员没有被其直接基类隐藏。例如，DerivedC1 中用一个私有字段 x 隐藏了基类中的 x，当 DerivedC2 继承 DerivedC1 时，其 x 值不会是 DerivedC1 中的 x，而是来自基类 BaseClass 中的 x 值，所以 DerivedC2 中的 x 值是 1，而不是 11。

要派生类以后派生的其他类都隐藏基类的字段，那么 DerivedC1 在隐藏 x 时，就应该声明一个 public 类型的同名字段。

2．访问隐藏成员

在派生类中用完全限定名的方式就可以访问被隐藏的基类成员，代码如下：

```
public class DerivedC2:DerivedC1
{   //派生类的派生类
    new public static int y=222;
    public static int GetBaseY()
    {
        return BaseClass.y;
    }
}
```

6.2 多 态 性

一个基类类型变量，不仅可以保存一个基类对象的引用（指向一个基类类型的对象），也可以保存其派生类对象的引用（指向派生类类型的对象）。

多态性是指在程序运行时，基类对象执行一个基类与派生类都具有的同名方法调用时，程序可以根据基类对象类型的不同（基类还是派生类）进行正确的调用。

C#中可以通过多种途径实现多态性，可以用虚方法与方法重写的形式，也可以用抽象类与抽象方法的形式。

6.2.1 虚方法与方法重写

默认情况下，派生类从其基类继承属性和方法。如果继承的方法需要在派生类中有不同的行为，则可以"重写"它，即可以在派生类中定义该属性或方法的新实现。用户必须分别用 virtual 关键字与 override 关键字在基类与派生类中声明同名的方法。

基类中的声明格式如下：

```
public virtual 方法名(参数列表){ }
```

派生类中的声明格式如下:

public override 方法名(参数列表) { }

其中,基类与派生类中的方法名与参数列表必须完全一致。

任务 4 多级继承层次结构

任务描述

声明长方形类(Rectangle)作为基类,椭圆形类(Ellipse)继承自长方形类,圆形类(Circle)继承自椭圆形类,每个类都有自己的 Name 属性,Area()方法(计算面积)和 ToString()方法(描述形状)重写实现,具体运行结果如图 6-4 所示。

 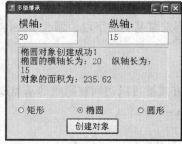 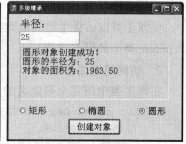

图 6-4 "多级继承"程序运行结果

任务实施

1. 创建项目和窗体

(1)创建一个"Windows 应用程序"项目。

(2)向窗体上添加 3 个标签框、2 个文本框、3 个单选按钮、1 个命令按钮,界面布局如图 6-5 所示,控件属性值如表 6-2 所示。

图 6-5 "多级继承"程序界面布局

表 6-2　窗体控件的属性值

对象类型	对象名	属性	值
窗体	Form1	Text	多级继承
标签框	label1	Text	长:
	label2	Text	宽:
	label3	Text	
		AutoSize	False
		BorderStyle	Fixed3D
文本框	textBox1	Text	
	textBox2	Text	
单选按钮	radioButton1	Text	矩形
		Checked	True
	radioButton2	Text	椭圆
	radioButton3	Text	圆形
命令按钮	button1	Text	创建对象

2. 代码的编写

（1）按【F7】键，打开代码窗口，在程序代码最后一个右大括号"}"的上方，定义基类 Rectangle，代码如下：

```
public class Rectangle
{
    public const double pi=Math.PI;
    private double width;
    private double length;
    public Rectangle(double mylength, double mywidth)
    {
        length=mylength;
        width=mywidth;
    }
    public Rectangle() { }
    public virtual double Width
    {
        set { width=value; }
        get { return width; }
    }
    public virtual double Length
    {
        set { length=value; }
        get { return length; }
    }
    public virtual string Name          //声明虚拟属性
    {
        get { return "矩形"; }
    }
    public virtual double Area()        //声明虚拟方法
```

```
        {
            return width*length;
        }
        public override string ToString()     //重写ToString()方法
        {
            return("矩形的长为："+Length+"  宽为："+Width);
        }
    }
```

（2）定义 Rectangle 类的派生类 Ellipse 类，代码如下：
```
public class Ellipse:Rectangle
{
    public Ellipse():this(50,50){}
    public Ellipse(double l, double w):base(l,w){}
    public override double Area()
    {
        return pi*base.Area()/4;
    }
    public override string  Name
    {
        get{ return "椭圆";}
    }
    public override string ToString()
    {
        return("椭圆的横轴长为："+Length+"  纵轴长为："+Width);
    }
}
```

（3）定义 Ellipse 类的派生类 Circle 类，代码如下：
```
public class Circle:Ellipse
{
    public Circle():this(50) { }
    public Circle(double r):base(2*r, 2*r) { }
    public override double Area()
    {
        return base.Area();
    }
    public override string Name
    {
        get { return "圆形"; }
    }
    public override double Length
    {
        get
        {
            return base.Width;
        }
        set
        {
            base.Length=value;
            base.Width=value;
        }
```

```
    }
    public override double Width
    {
        get
        {
            return base.Width;
        }
        set
        {
            base.Width=value;
            base.Length=value;
        }
    }
    public double Radius    //Radius 属性
    {
        get { return Width/2; }
        set
        {
            if(value>0)
            {
                base.Width=2*value;
                base.Length=2*value;
            }
        }
    }
    public override string ToString()
    {
        return ("圆形的半径为: "+Radius);
    }
}
```

（4）选中 radioButton1 单选按钮，单击"属性"窗口中的 按钮，双击 CheckedChanged，为"矩形"单选按钮添加 CheckedChanged 事件代码，如下：

```
private void radioButton1_CheckedChanged(object sender, EventArgs e)
{
    //显示"宽"与"高"文本框和标签
    if(radioButton1.Checked)
    {
        label1.Visible=true;
        label2.Visible=true;
        label1.Text="长: ";
        label2.Text="宽: ";
        textBox2.Visible=true;
        textBox1.Text="";
        textBox2.Text="";
        label3.Text="";
    }
}
```

（5）为"椭圆"单选按钮 radioButton2 添加 CheckedChanged 事件代码，如下：

```
private void radioButton2_CheckedChanged(object sender, EventArgs e)
```

```
{
    //修改"宽"与"高"标签显示内容
    if(radioButton2.Checked)
    {
        label1.Visible=true;
        label2.Visible=true;
        label1.Text="横轴: ";
        label2.Text="纵轴: ";
        textBox2.Visible=true;
        textBox1.Text="";
        textBox2.Text="";
        label3.Text="";
    }
}
```

(6)为"圆形"单选按钮 radioButton3 添加 CheckedChanged 事件代码,如下:

```
private void radioButton3_CheckedChanged(object sender, EventArgs e)
{
    //只显示"半径"文本框和标签
    if(radioButton3.Checked)
    {
        label1.Visible=true;
        label2.Visible=false;
        label1.Text="半径: ";
        textBox2.Visible=false;
        textBox1.Text="";
        label3.Text="";
    }
}
```

(7)在 Form1 类中,定义一个计算对象面积的方法 AreaCal(),代码如下:

```
public double AreaCal(Rectangle shape)    //参数为一个 Rectangle 基类对象
{
    return shape.Area();    //调用对象的 Area()方法(可能是基类的,也可能是派生类的)
}
```

(8)双击"创建对象"按钮,为其添加 Click 事件代码,如下:

```
private void button1_Click(object sender, EventArgs e)
{
    if(radioButton1.Checked)    //如果"矩形"单选按钮被选中,则创建矩形对象
    {
        double l=double.Parse(textBox1.Text);
        double w=double.Parse(textBox2.Text);
        Rectangle rec=new Rectangle(l,w);
        label3.Text=rec.Name+"对象创建成功! \n"+rec.ToString()
            +"\n对象的面积为: "+String.Format("{0:F2}",AreaCal(rec));
    }
    if(radioButton2.Checked)    //如果"椭圆"单选按钮被选中,则创建椭圆对象
    {
        double l=double.Parse(textBox1.Text);
        double w=double.Parse(textBox2.Text);
        Ellipse eli=new Ellipse(l, w);
```

```
            label3.Text=eli.Name+"对象创建成功！\n"+eli.ToString()
                +"\n对象的面积为："+String.Format("{0:F2}",AreaCal(eli));
        }
        if(radioButton3.Checked)     //如果"圆形"单选按钮被选中，则创建圆形对象
        {
            double r=double.Parse(textBox1.Text);
            Circle cir=new Circle(r);
            label3.Text=cir.Name+"对象创建成功！\n"+cir.ToString()
                +"\n对象的面积为："+String.Format("{0:F2}", AreaCal(cir));
        }
    }
```

3．程序的运行

按【F5】键运行该应用程序，选择要创建的对象类型，并在相应的文本框中输入参数，单击"创建对象"按钮，创建对象并在标签框中显示对象信息，参考图6-4。

相关知识

1．重写基方法

用 override 关键字"重写"一个方法时，被重写的某个基类中的同名方法叫做重写方法的基方法。以在 ClassA 类中重写 Method1()方法为例，寻找重写基方法的步骤，是通过检查 ClassA 类的各个基类确定的，从 ClassA 的直接基类开始检查，然后检查直接基类的基类，直到找到与 Method1()具有相同名称的可访问方法为止。

比如，Circle 类中的 Area()方法，其重写基方法是其直接基类 Ellipse 类中的 Area()方法。而 Ellipse 类中重写的 Area()方法，其重写基方法是 Rectangle 类中的 Area()方法。

从具有重写方法的派生类中，仍然可以通过使用 base 关键字来访问同名的重写基方法，如在 Ellipse 类中，重写基类 Rectangle 中的 Area()方法代码如下：

```
public override double Area()
{     return pi*base.Area()/4; }
```

这里的 base.Area()指的是 Rectangle 类中的 Area()方法。

而在 Circle 类中，重写其直接基类 Ellipse 中的 Area()方法代码如下：

```
public override double Area()
{   return base.Area(); }
```

这里的 base.Area()指的是 Ellipse 中的 Area()方法。

2．重写的限制

不能重写非虚方法或静态方法，也就是说，重写方法的基方法一定要是虚拟的（virtual）、抽象的（abstract）或重写的（override）。

比如，Ellipse 类中重写的 Area()方法，其基方法是虚拟的（Rectangle 类中用 virtual 修饰）；Circle 类中重写的 Area()方法，其基方法是重写的（Ellipse 类中用 override 修饰）。

重写声明不能改变虚方法的可访问性。重写方法和重写方法的基方法必须具有相同的访问修饰符，且不能使用下列修饰符修饰重写方法：

```
new static virtual abstract
```

派生类中重写基类的方法时，方法的名称、方法参数的个数和数据类型，以及返回值的类型必须相符。

3. 重写虚拟成员

对于派生类中所继承的私有成员 length 和 width，只能通过公有属性来访问。在 Circle 类中，要对属性的访问器进行修改，写成如下形式：

```
public override double Length
{
    get { return Width; }
    set { Length=value; Width=value; }
}
public override double Width
{
    get { return Width; }
    set { Width=value; Length=value; }
}
```

则上述程序是不能工作的，读取或设置属性的值不过是在简单地调用自身而已，会造成同一属性的无限调用，最终导致程序崩溃。

这里需要调用的是基类中的 Length 和 Width 属性，而不是当前派生类中的，因此可以用 base 关键字从派生类中访问重写的基类 Rectangle 中的属性。

4. 重写 Object 类中的方法

在 C#中，所有的类都是由 Object 类派生出来的，所以 Object 类中定义的每个方法可用于类中的所有对象。派生类当然也可以重写 Object 类中的方法。ToString()方法是 Object 类中的方法，默认返回对象类型的完全限定名（完全限定名由对象的名称空间和类名组成）。

本任务中，将 ToString()方法重写为显示当前对象的相关信息，如 Ellipse 类中重写为：

```
public override string ToString()
{
    return("椭圆的横轴长为: "+Length+"  纵轴长为: "+Width);
}
```

5. 多态性的实现

要实现多态性，通常是在基类与派生类定义之外的其他类定义中再声明一个含基类对象形参的方法，如窗体类中定义的方法 AreaCal()：

```
public double AreaCal(Rectangle shape)   //参数为一个 Rectangle 基类对象
{
    return shape.Area();     //调用对象的 Area()方法（可能是基类的，也可能是派生类的）
}
```

该方法用一个 Rectangle 类型的对象引用作为形参，多态的关键就在于该方法的代码 "shape.Area();"。在程序运行前根本不知道 shape 将是什么类型的对象，因为基类 Rectangle 对象 shape 不仅可以接受本类型的对象参数，也可以接受其派生类类型的对象参数，并且可以根据 shape 接受的对象类型不同，调用相应类（基类或派生类）定义中的方法，从而实现多态性。

在程序运行过程中，根据选中单选按钮的不同，单击"创建对象"按钮后，将会把一个 Rectangle 对象、一个 Ellipse 对象或者一个 Circle 对象，作为实参传递给 AreaCal()方法，AreaCal()方法根据对象类型的不同，调用基类或派生类相应的 Area()方法以计算面积，从而完成同一方法的不同实现。

6. 继承中构造函数的执行过程

每次创建类的实例时，都会调用构造函数。构造函数用于在对象中任何其他代码执行之前初始化新的对象。构造函数可以用于打开文件、连接到数据库、初始化变量，以及执行任何需要在使用对象之前完成的操作。

当创建一个派生类的对象时，首先执行基类的构造函数，然后执行派生类构造函数，即便派生类构造函数中没有用 base 显式调用基类的构造函数，系统也会隐式调用基类的无参构造函数 base()。

构造函数的调用顺序是，派生类的构造函数执行前，先找到其直接基类的构造函数，如果直接基类还有其自身的基类，那么一级一级向前调用，直到到达顶级基类的构造函数，然后执行顶级基类构造函数中的代码，接着依次往后执行所有派生类中构造函数的代码，最后执行本派生类中构造函数中的代码，完成对象的初始化。

7. 重载、重写和隐藏

重载的成员用于提供属性或方法的不同版本，这些版本拥有相同的名称，但是接受不同数量的参数或者不同类型的参数。

重写的属性和方法用于替换派生类中不合适的继承到的属性或方法。重写的成员必须接受同一数据类型和参数数量，不能扩展被重写元素的可访问性（例如，不能用 public 重写 protected）。不能用属性重写方法或是用方法重写属性。重写方法的返回类型要与被重写方法的类型一致。重写主要是为了实现多态性。

隐藏的成员用于局部替换具有更大范围的成员。任何类型都可以隐藏其他任何类型，例如，一个 int 型变量可以隐藏一个方法。如果用另外一个方法隐藏某一方法，可以使用一个不同的参数列表及一个不同的返回类型。若隐藏元素在后来的派生类中不可访问（声明为 private 类型），则该隐藏元素在其派生类中不会被继承，其派生类会继承原始元素，而不是隐藏元素。隐藏主要是为了防止后面的基类修改已在派生类中声明的成员。隐藏不能实现多态性。例如，如果 Ellipse 类的 Area() 方法隐藏基类 Rectangle 的 Area() 方法，当把 Ellipse 类的对象传递给需要 Rectangle 对象的 AreaCal() 方法时，会执行 Rectangle 对象的 Area() 方法，而不会执行 Ellipse 对象的 Area() 方法。

6.2.2 抽象方法与抽象类

基类中定义的虚方法有时可能不会被调用，这时可以将虚方法定义为抽象方法。抽象方法没有方法体，但必须要声明，通过声明告知编译器，派生类必须通过重写该方法以提供它们自己的实现。

声明抽象方法和抽象类均需使用关键字 abstract，其格式为：

```
public abstract class 类名
{
    …
    public abstract 返回类型 方法名(参数列表);
    …
}
```

抽象方法隐含为虚拟方法，但是不能再用 virtual 关键字修饰。当定义抽象类的派生类时，派生类自然从抽象类继承抽象方法成员，并且必须重写（重载）抽象类的抽象方法，这是抽象方法与虚方法的不同，因为对于基类的虚方法，其派生类可以不必重写（重载）。重写抽象方法必须使用 override 关键字，重写抽象方法的格式为：

```
public override 返回类型 方法名(参数列表){ }
```
含有一个或一个以上抽象成员的类,必须被定义为抽象类,但是抽象类可以不包含抽象成员。抽象类不能被实例化,只能实例化其派生类。抽象类中可以包含已实现的方法和属性,也可以包含未实现的方法和属性,这些未实现的方法和属性必须在派生类中实现。

抽象类的目的是提供一个合适的基类,以派生其他的类。虽然继承层次结构并不一定需要包含抽象类,却常在类层次结构的顶部添加抽象类以减少客户代码对特定子类类型的依赖。

当遇到需要一组相关组件来包含一组具有相同功能的方法,但同时要求在其他方法实现中具有灵活性时,可以使用抽象类,必须在其派生类中实例化。

任务 5　多态性及其实现

任务描述

声明形状(Shape)抽象类作为基类。

二维形状(TwoDimenShape)抽象类和三维形状(ThreeDimenShape)抽象类为其派生类。

让二维形状再派生出矩形类(Rectangle)、圆形类(Circle);三维形状派生出长方体类(Cubiod)、圆柱体类(Cylinder)。二维形状中有计算面积和周长的方法,三维形状中有计算表面积和体积的方法。

创建多个图形,单击"显示对象"按钮后,根据形状的二维、三维属性显示其面积和周长,或表面积和体积,具体运行结果如图 6-6 所示。

 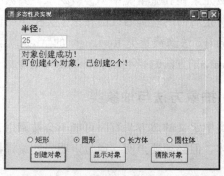

 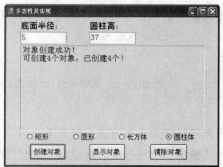

图 6-6　"多态性及其实现"程序运行结果

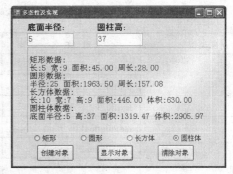

图 6-6 "多态性及其实现"程序运行结果(续)

任务实施

1. 创建项目和窗体

(1) 创建一个"Windows 应用程序"项目。

(2) 向窗体上添加 4 个标签框、3 个文本框、4 个单选按钮、3 个命令按钮,界面布局如图 6-7 所示,控件属性值如表 6-3 所示。

图 6-7 "多态性及实现"界面布局

表 6-3 窗体控件的属性值

对象类型	对象名	属 性	值
窗体	Form1	Text	多态性及实现
标签框	label1	Text	长:
	label2	Text	宽:
	label3	Text	高:
	label4	Text	
		AutoSize	False
		BorderStyle	Fixed3D

续表

对象类型	对象名	属性	值
文本框	textBox1	Text	
	textBox2	Text	
	textBox3	Text	
单选按钮	radioButton1	Text	矩形
	radioButton2	Text	圆形
	radioButton3	Text	长方体
		Checked	True
	radioButton4	Text	圆柱体
命令按钮	button1	Text	创建对象
	button2	Text	显示对象
	button3	Text	清除对象

2. 代码的编写

（1）按【F7】键打开代码窗口，在程序代码最后一个右大括号"}"的上方，定义抽象基类 Shape，代码如下：

```
public abstract class Shape
{
    public abstract double Area();        //各种形状都有的Area()方法
}
```

（2）定义 Shape 类的两个派生类二维形状 TwoDimenShape 类和三维形状 ThreeDimenShape 类，代码如下：

```
public abstract class TwoDimenShape:Shape
{
    public abstract double Circumference    //二维形状特有的属性"周长"
    {
        get;
    }
}
public abstract class ThreeDimenShape:Shape
{
    public abstract double Volume();        //三维形状特有的"求体积"方法
}
```

（3）定义二维形状的派生类矩形类 Rectangle 和圆形类 Circle，代码如下：

```
public class Rectangle:TwoDimenShape
{
    private double length;
    private double width;
    public Rectangle(double mylength, double mywidth)
    {
        length=mylength;
        width=mywidth;
    }
    public virtual double Length
```

```csharp
        get { return length; }
        set
        {
            if(value>0)
                length=value;
        }
    }
    public virtual double Width
    {
        get { return width; }
        set
        {
            if(value>0)
                width=value;
        }
    }
    public override double Area()
    {
        return length*width;
    }
    public override double Circumference
    {
        get { return 2*(length+width);}
    }
    public override string ToString()
    {
        return ("矩形数据:\n长:"+Length+" 宽:"+Width);
    }
}
public class Circle:TwoDimenShape
{
    private double radius;
    public Circle(double r)
    {
        radius=r;
    }
    public double Radius
    {
        get { return radius; }
        set { radius=value; }
    }
    public override double Circumference           //圆形的周长公式为2πr
    {
        get { return Math.PI*radius*2;}
    }
    public override double Area()                  //圆形的面积公式为πr²
    {
        return Math.PI*radius*radius;
    }
```

```csharp
    public override string ToString()
    {
        return("圆形数据:\n半径:"+Radius);
    }
}
```

（4）定义三维形状的派生类长方体类 Cubiod 和圆柱体类 Cylinder，代码如下：

```csharp
public class Cubiod:ThreeDimenShape      //长方体类
{
    private double length;
    private double width;
    private double height;
    public Cubiod(double mylength, double mywidth, double myheight)
    {
        length=mylength;
        width=mywidth;
        height=myheight;
    }
    public double Length
    {
        get { return length; }
        set { length=value; }
    }
    public double Width
    {
        get { return width; }
        set { width=value; }
    }
    public double Height
    {
        get { return height; }
        set { height=value; }
    }
    public override double Area()
    {
        return 2*(length*width+length*height+width*height);
    }
    public override double Volume()
    {
        return length*width*height;
    }
    public override string ToString()
    {
        return ("长方体数据:\n长:"+length+" 宽:"+width+" 高:"+height);
    }
}
public class Cylinder:ThreeDimenShape   //圆柱体类
{
    private double height;
    private double radius;
    public Cylinder(double r, double h)
```

```
    {
        height=h;
        radius=r;
    }
    public double Height
    {
        get { return height; }
        set { height=value; }
    }
    public double Radius
    {
        get { return radius; }
        set { radius=value; }
    }
    public override double Area()      //圆柱体表面积为两个圆的面积(2πr²)+侧面面积
                                       //(2πr*h)
    {
        return Math.PI*2*radius*(radius+height);
    }
    public override double Volume()
    {
        return Math.PI*radius*radius*height;
    }
    public override string ToString()
    {
        return("圆柱体数据:\n底面半径:"+radius+" 高:"+height);
    }
}
```

(5) 为"矩形"单选按钮 radioButton1 添加下面的 CheckedChanged 事件代码:

```
private void radioButton1_CheckedChanged(object sender, EventArgs e)
{
    if(radioButton1.Checked)
    {
        label1.Visible=true;
        label2.Visible=true;
        label3.Visible=false;
        label1.Text="长: ";
        label2.Text="宽: ";
        label3.Text="";
        textBox1.Text="";
        textBox2.Visible=true;
        textBox2.Text="";
        textBox3.Visible=false;
        label4.Text="";
    }
}
```

(6) 为"圆形"单选按钮 radioButton2 添加下面的 CheckedChanged 事件代码:

```
private void radioButton2_CheckedChanged(object sender, EventArgs e)
{
    if(radioButton2.Checked)
```

```csharp
    {
        label1.Visible=true;
        label2.Visible=false;
        label3.Visible=false;
        label1.Text="半径: ";
        label2.Text="";
        label3.Text="";
        textBox1.Text="";
        textBox2.Visible=false;
        textBox3.Visible=false;
        label4.Text="";
    }
}
```

（7）为"长方体"单选按钮 radioButton3 添加下面的 CheckedChanged 事件代码：

```csharp
private void radioButton3_CheckedChanged(object sender, EventArgs e)
{
    //只显示"半径"文本框和标签
    if(radioButton3.Checked)
    {
        label1.Visible=true;
        label2.Visible=false;
        label1.Text="半径: ";
        textBox2.Visible=false;
        textBox1.Text="";
        label3.Text="";
    }
}
```

（8）为"圆柱体"单选按钮 radioButton4 添加下面的 CheckedChanged 事件代码：

```csharp
private void radioButton4_CheckedChanged(object sender, EventArgs e)
{
    if(radioButton4.Checked)
    {
        label1.Visible=true;
        label2.Visible=true;
        label3.Visible=false;
        label1.Text="底面半径: ";
        label2.Text="圆柱高: ";
        label3.Visible=false;
        textBox1.Text="";
        textBox2.Visible=true;
        textBox2.Text="";
        textBox3.Visible=false;
        label4.Text="";
    }
}
```

（9）在 Form1 类中，定义一个 Shape 类型的数组变量，以及一个数组索引变量，代码如下：

```csharp
private Shape[] shapes=new Shape[4];
public int i;
```

（10）在 Form1 类中，定义一个显示形状信息的方法 ShowShapeInfo()，代码如下：

```
public string ShowShapeInfo(Shape[] Items)
{
    string output="";
    for(int j=0; j<i ; j++ )
    {
        output+="\n"+Items[j].ToString()
            +" 面积:"+string.Format("{0:f2}", Items[j].Area());
        if(Items[j] is ThreeDimenShape)
            output+=" 体积:"+string.Format("{0:f2}", ((ThreeDimenShape)
            Items[j]).Volume());
        if(Items[j] is TwoDimenShape)
            output+=" 周长:"+string.Format("{0:f2}", ((TwoDimenShape)
            Items[j]).Circumference);
    }
    return output;
}
```

(11) 双击"创建对象"按钮，为其添加以下 Click 事件代码：

```
private void button1_Click(object sender, EventArgs e)
{
    if(i>=4)
    {
        MessageBox.Show("对象数组已满，单击【显示对象】显示！");
        return;
    }
    if(radioButton1.Checked)     //如果"矩形"单选按钮被选中，则创建矩形对象
    {
        double l=double.Parse(textBox1.Text);
        double w=double.Parse(textBox2.Text);
        Rectangle shape=new Rectangle(l, w);
        shapes[i]=shape;
    }
    if(radioButton2.Checked)     //如果"圆形"单选按钮被选中，则创建圆形对象
    {
        double r=double.Parse(textBox1.Text);
        Circle shape=new Circle(r);
        shapes[i]=shape;
    }
    if (radioButton3.Checked)    //如果"长方体"单选按钮被选中，则创建长方体对象
    {
        double l=double.Parse(textBox1.Text);
        double w=double.Parse(textBox2.Text);
        double h=double.Parse(textBox3.Text);
        Cubiod shape=new Cubiod(l, w, h);
        shapes[i]=shape;
    }
    if(radioButton4.Checked)     //如果"圆柱体"单选按钮被选中，则创建圆柱体对象
    {
        double r=double.Parse(textBox1.Text);
        double h=double.Parse(textBox2.Text);
        Cylinder shape=new Cylinder(r,h);
```

```
        shapes[i]=shape;
    }
    label4.Text="对象创建成功! \n可创建 4 个对象,已创建"+(++i)+"个! ";
}
```
(12)双击"显示对象"按钮,为其添加以下 Click 事件代码:
```
private void button2_Click(object sender, EventArgs e)
{
    label4.Text=ShowShapeInfo(shapes);
}
```
(13)双击"清除对象"按钮,为其添加以下 Click 事件代码:
```
private void button3_Click(object sender, EventArgs e)
{
    i=0;
    shapes=new Shape[4];
    label4.Text="";
}
```

3. 程序的运行

按【F5】键运行该应用程序,选择要创建的对象类型,并在相应的文本框中输入参数,单击"创建对象"按钮,创建对象;创建完成后,单击"显示对象"按钮,显示所创建的对象的信息,最多可以同时创建 4 个对象;单击"清除对象"按钮,清除数组,重新创建对象,运行结果参考图 6-6。

相关知识

1. 声明抽象类

当一个类中包含抽象成员时,它必须被声明为抽象类,如 Shape 类的声明,必须包含 abstract 关键字:
```
public abstract class Shape
```
抽象方法的声明不提供方法体,抽象属性的声明不提供属性访问器,如下所示:
```
public abstract double Area();          //各种形状都有的 Area()方法
public abstract double Circumference    //二维形状特有的属性"周长"
{
    get;
}
```
抽象类可以包含非抽象成员,也可以不包含抽象成员。抽象类只能作为基类。

2. 实现抽象类

在实现抽象类时,必须实现该抽象类中的每一个抽象(abstract)方法、属性,并且要和抽象类中指定的方法或属性一样,接受相同数目和类型的参数,具有同样的返回值类型。实现抽象方法、抽象属性时,其方法和属性必须用 override 修饰符修饰。

由于 Rectangle 类继承自二维形状抽象类 TwoDimenShape,所以 Rectangle 类必须实现 TwoDimenShape 类的抽象属性 Circumference。

3. 抽象类派生抽象类

从抽象类派生抽象类时,派生得到的抽象类继承基类的除构造函数、析构函数之外的所有成员。在派生的抽象类中,通过使用 override 修饰符修饰的方法声明和属性声明,可以重写继承得到的抽象方法和抽象属性，也可以直接继承基类的抽象方法和抽象属性。

例如：二维形状 TwoDimenShape 抽象类继承自抽象类 Shape，它继承了 Shape 的抽象成员 Area()方法，还声明了自己特有的抽象属性 Circumference（周长）。三维形状 ThreeDimenShape 抽象类也继承自抽象类 Shape，它继承了 Shape 类的 Area()方法，还声明了自己特有的抽象方法 Volume()（体积）。

4．抽象的隐含为虚拟的

抽象方法和抽象属性同时也隐含为虚拟方法和虚拟属性，但是它不能用 virtual 修饰符修饰，所以在抽象类的派生类中实现抽象方法和抽象属性时，必须要用 override 修饰符。例如，在 Circle 类（继承自 TwoDimenShape）中实现抽象属性 Circumference，代码如下：

```
public override double Circumference        //圆形的周长公式为2πr
{
    get { return Math.PI*radius*2;}
}
```

在 Cylinder 类中实现 ThreeDimenShape 抽象基类中的 Volume 抽象方法的代码如下：

```
public override double Volume()
{
    return Math.PI*radius*radius*height;
}
```

5．抽象类作为变量类型

抽象类不能被实例化（直接生成对象），但是抽象类可以作为对象变量的类型和方法参数的类型，可以将该抽象类派生类的对象，赋给抽象类类型声明的变量或作为抽象类类型声明的参数，如下：

```
private Shape[] shapes=new Shape[4];
if (radioButton3.Checked)    //如果"长方体"单选按钮被选中，则创建长方体对象
{
    double l=double.Parse(textBox1.Text);
    double w=double.Parse(textBox2.Text);
    double h=double.Parse(textBox3.Text);
    Cubiod shape=new Cubiod(l, w, h);
    shapes[i]=shape;
}
```

因为 Rectangle、Circle、Cubiod、Cylinder 类都是由 Shape 类派生而来的，所以它们的实例化对象的引用可以赋给基类 Shape 类型的变量，即使 Shape 是一个抽象类。

6．判断运行时变量的实际类型

当变量表现为多态性时，可以使用 is 运算符检查对象的运行时类型是否与给定类型兼容。

例如，在定义显示形状信息的方法 ShowShapeInfo()时，根据具体对象是二维形状还是三维形状，显示不同的信息：二维形状显示面积和周长；三维形状显示面积和周长。

```
public string ShowShapeInfo(Shape[] Items)
{
    string output="";
    for(int j=0; j<i; j++ )
    {
        output+="\n"+Items[j].ToString()
```

```
            +" 面积:"+string.Format("{0:f2}", Items[j].Area());
        if(Items[j] is ThreeDimenShape)
            output+=" 体积:"+string.Format("{0:f2}", ((ThreeDimenShape)
            Items[j]).Volume());
        if(Items[j] is TwoDimenShape)
            output+=" 周长:"+string.Format("{0:f2}", ((TwoDimenShape)
            Items[j]).Circumference);
    }
    return output;
}
```

6.3 接　　口

前面介绍的类的继承都是"单一继承",即一个类在定义的过程中,最多只能有一个基类。如果要在 C#中实现类的多重继承,就必须使用接口,也就是说,类可以实现无限多个接口,但仅能从一个抽象类(或其他任何类)继承。

接口不是类,而是一组对类的要求,这些类要与接口一致。接口用来描述类的功能,而不指明具体的实现方式。只要类实现了接口,就可以在任何需要该接口的地方使用这个类的对象。

6.3.1　接口的声明与实现

接口可以从多个基接口继承,而类或结构可以实现多个接口。接口声明可以声明 0 个或多个成员,接口的成员必须是方法、属性、事件或索引器。接口不能包含常数、字段、运算符、实例构造函数、析构函数或类型,也不能包含任何静态成员。接口本身不提供它所定义的成员的实现,只是指定实现该接口的类或接口必须要提供的成员。

任务 6　接口的使用

任务描述

不同的类有着各自的方法和属性,但它们也可以有通用的属性和操作,即自己所属的类别和对自身的简单描述。声明 3 个类,分别是学生类、矩形类和温度类,让它们都实现接口 Description。

运行结果如图 6-8 所示。

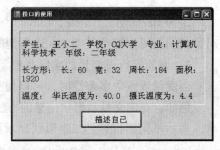

图 6-8　"接口的使用"程序运行结果

任务实施

1. 创建项目和窗体

(1)创建一个"Windows 应用程序"项目。

(2)向窗体上添加 1 个标签框、1 个命令按钮,界面布局如图 6-9 所示,控件属性值如表 6-4 所示。

图 6-9 "接口的使用"程序界面布局

表 6-4 窗体控件的属性值

对象类型	对象名	属 性	值
窗体	Form1	Text	接口的使用
标签框	label1	Text	
		AutoSize	False
		BorderStyle	Fixed3D
命令按钮	button1	Text	描述自己

2. 代码的编写

（1）按【F7】键打开代码窗口，在最后一个右大括号"}"的上方，输入接口 Description 的定义，代码如下：

```
public interface Description
{
    string Type
    {
        get;
    }
    string DescribeSelf();
}
```

（2）在接口之后定义学生类 Student，代码如下：

```
public class Student:Description
{
    private string name;
    private string major;
    private string grade;
    private string school;
    public Student(){}
    public Student(string name, string school, string major, string grade)
    {
        this.name=name;
        this.school=school;
```

```csharp
            this.major=major;
            this.grade=grade;
        }
    public string Name
    {
        get { return name; }
        set { name=value; }
    }
    public string School
    {
        get{ return school; }
        set{ school=value; }
    }
    public string Major
    {
        get { return major; }
        set { major=value; }
    }
    public string Grade
    {
        get { return grade; }
        set { grade=value; }
    }
    public string Type
    {
        get { return "学生"; }
    }
    public string DescribeSelf()
    {
        return Name+" 学校: "+School+" 专业: "+Major+" 年级: "+Grade;
    }
}
```

（3）定义矩形类 Rectangle，代码如下：

```csharp
public class Rectangle:Description
{
    private double length;
    private double width;
    public Rectangle(double mylength, double mywidth)
    {
        length=mylength;
        width=mywidth;
    }
    public virtual double Length
    {
        get { return length; }
        set
        {
            if(value > 0)
                length=value;
        }
```

```
    }
    public virtual double Width
    {
        get { return width; }
        set
        {
            if(value>0)
                width=value;
        }
    }
    public double Area()
    {
        return length*width;
    }
    public double Circumference
    {
        get { return 2*(length+width);}
    }
    public string Type
    {
        get { return "长方形"; }
    }
    public string DescribeSelf()
    {
        return "长: "+Length+"  宽: "+Width + "  周长: "+Circumference+"  
面积: "+this.Area();
    }
}
```

(4) 定义温度类 Temperature，代码如下：

```
public class Temperature:Description
{
    protected float m_value;
    public Temperature() { }
    public Temperature(float f)
    {
        m_value=f;
    }
    public float Value
    {
        get { return m_value; }
        set { m_value=value; }
    }
    public float Celsius
    {
        get { return (m_value-32)*5/9; }
        set { m_value=value*9.0f/5+32; }
    }
    public string Type
    {
```

```
        get { return "温度"; }
    }
    public string DescribeSelf()
    {
        return "华氏温度为: "+String.Format("{0:n1}",Value)
              +"  摄氏温度为: "+String.Format("{0:n1}",Celsius);
    }
}
```

（5）为窗体类 Form1 添加显示信息方法 ShowInfo()，代码如下：

```
public string ShowInfo(Description[] obj)
{
    string output="";
    for (int i=0; i<obj.Length ; i++)
    {
        output+="\n"+obj[i].Type+":  "+obj[i].DescribeSelf()+"\n";
    }
    return output;
}
```

（6）在设计窗口中双击窗体上的"描述自己"按钮，为其添加 Click 事件处理代码，如下：

```
private void button1_Click(object sender, EventArgs e)
{
    Description[] sth=new Description[3];
    Student stu=new Student("王小二", "CQ大学", "计算机科学技术", "二年级");
    Rectangle rec=new Rectangle(60, 32);
    Temperature temp1=new Temperature(40);
    sth[0]=stu;
    sth[1]=rec;
    sth[2]=temp1;
    label1.Text=ShowInfo(sth);
}
```

3．程序的运行

按【F5】键运行该应用程序，单击"描述自己"按钮，验证运行结果，参考图 6-8。

相关知识

1．声明接口

声明接口的一般格式如下：

```
public interface 接口名
{ 声明语句序列;}
```

如本任务中声明 Description 接口的代码如下：

```
public interface Description
{
    string Type { get;}
    string DescribeSelf();
}
```

接口只能指定实现该接口的类或接口必须提供的成员，不能提供它所定义的成员的实现。在接口体中不允许为接口方法指明方法体，因此接口内方法的声明总是以分号结尾。

接口属性声明所含有的访问器与类实现该属性时的访问器要一一对应,接口属性的访问器体必须始终只有一个分号,只指示属性为读写、只读还是只写。

接口成员声明不能包含任何修饰符(默认为 public 访问权限),如果成员声明包含任何修饰符,会发生编译时错误。

2. 实现接口

要实现接口的类声明语句的一般格式如下:

```
public class 类名 : 接口名1 [,接口名2,接口名3,...]
```

如本任务中的 Rectangle 类,只实现了 Description 接口,其类声明语句为:

```
public class Rectangle : Description
```

所谓实现接口,是指在类体中实现接口所定义的成员,如 Rectangle 类实现了 Description 接口的方法 DescribeSelf() 和属性 Type:

```
public string Type
{
    get { return "长方形"; }
}
public string DescribeSelf()
{
    return "长: "+Length+"  宽: "+Width+"  周长: "+Circumference+"  面积: "+this.Area();
}
```

实现属性时,属性定义所采用的格式必须与接口属性定义的格式完全相同,属性的类型、属性的读写访问器等都必须一致。

实现方法时,方法的返回值类型、参数的数目、参数的数据类型都必须与接口中定义的完全相同,方法的访问修饰符为 public。

实现接口时,必须实现该接口的所有成员,若省略任何成员,会被认为是语法错误。

3. 同名接口成员的实现

一个类可以引用多个接口,不同的接口可能会存在名称相同的接口成员。引用了具有相同成员名的不同接口后,类在对接口成员进行实现时,必须采用接口成员的显式实现。接口成员的显式实现是指实现接口成员时,成员的名称使用完全限定接口成员名。完全限定接口成员名的格式如下:

接口名.成员名

4. 接口成员的访问

类对接口成员的访问,必须是将该类的实例赋给接口类型的变量后,通过变量名和接口成员的名称来引用接口成员。

接口不是类,不能使用 new 操作符实例化接口,下面的代码是错误的:

```
Description des=new Description();  //错误的做法
```

虽然不能创建接口对象,但是可以声明接口类型的变量,如本任务中的以下声明:

```
Description[] sth=new Description[3];
```

接口变量保存的应该是实现了该接口的类对象的引用:

```
Student stu=new Student("王小二", "CQ大学", "计算机科学技术", "二年级");
Rectangle rec=new Rectangle(60, 32);
```

```
Temperature temp1=new Temperature(40);
sth[0]=stu;
sth[1]=rec;
sth[2]=temp1;
```
Student、Rectangle 和 Temperature 都必须是实现了 Description 接口的类。

可以使用 is 运算符来检查对象是否属于某个类，也可以使用 is 来判断对象是否实现了某个接口。

5．接口与多态性

在 ShowInfo()方法中应用 Type 属性和调用 DescribeSelf()方法时，无须考虑是哪一个对象，只要这个对象实现了接口即可，这也是多态性的体现，例如：

```
output+="\n"+obj[i].Type+":   "+obj[i].DescribeSelf()+"\n";
```

用接口变量来引用实现接口类的对象非常安全，类实现一个接口时，会进入与接口建立的相同的"属于"关系。本任务中的 Student、Rectangle 和 Temperature 类实现了 Description 接口，所以这 3 个类的对象"属于"Description 接口。

虽然用接口变量来引用实现接口类的对象很安全，但是这种引用只能引用接口的成员。如果通过接口变量引用实现接口类的对象的特有的成员（即接口中没有相应的成员），会发生编译错误。

6.3.2 接口与抽象类

"抽象类"是一种不能实例化，只能被继承的类，抽象类中的成员可以是被完全实现的，更多的是部分被实现或在抽象类中完全不实现。因此，抽象类可以封装其派生类中的通用不变的功能。

"接口"是抽象成员的集合，可以被看做操作规则的"要求"，由接口的开发者去实现。

任务 7　接口与抽象类的结合

任务描述

定义接口 Description，该接口包含 Type 属性和 DescribeSelf()方法。定义抽象基类 Person，引用 Description 接口，Student 类和 Employee 类继承自 Person 类，程序运行结果如图 6-10 所示。

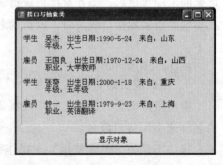

图 6-10　"接口与抽象类"程序运行结果

任务实施

1．创建项目和窗体

（1）创建一个"Windows 应用程序"项目。

（2）向窗体上添加 1 个标签框、1 个命令按钮，界面布局如图 6-11 所示，控件属性值如表 6-5 所示。

图 6-11 "接口与抽象类"程序界面布局

表 6-5 窗体的控件属性值

对象类型	对 象 名	属　　性	值
窗体	Form1	Text	接口与抽象类
标签框	label1	Text	
		AutoSize	False
		BorderStyle	Fixed3D
命令按钮	button1	Text	显示对象

2．代码的编写

（1）按【F7】键打开代码窗口，在最后一个右大括号"}"的上方，定义接口 Description，代码如下：

```
public interface Description
{
    string Type { get;}
    string DescribeSelf();
}
```

（2）在接口之后定义抽象基类 Person，代码如下：

```
public abstract class Person:Description
{
    private string name;
    private DateTime birthday;
    private string location;
    public Person() { }
    public Person(string name, string location, int year, int month, int day)
    {
        this.name=name;
        this.location=location;
        birthday=new DateTime(year, month, day);
    }
    public string Name
    {
        get { return name; }
```

```csharp
        set { name=value; }
    }
    public string Location
    {
        get { return location; }
        set { location=value; }
    }
    public DateTime Birthday
    {
        get { return birthday; }
        set { birthday=value; }
    }
    public abstract string Type
    {
        get;
    }
    public virtual string DescribeSelf()
    {
        return " "+Name+" 出生日期:"+Birthday.ToShortDateString()+" 来
            自: "+Location;
    }
}
```

（3）定义学生类 Student，代码如下：

```csharp
public class Student:Person
{
    private string grade;
    public Student(string name, string location, int year,
        int month, int day, string grade)
        : base(name, location, year, month, day)
    {
        this.grade=grade;
    }
    public string Grade
    {
        get { return grade; }
        set { grade=value; }
    }
    public override string Type
    {
        get { return "学生"; }
    }
    public override string DescribeSelf()
    {
        return (base.DescribeSelf()+"\n"
        +"        年级: "+Grade);
    }
}
```

（4）定义雇员类 Employee，代码如下：

```csharp
public class Employee:Person
{
    private string career;
    public Employee(string name, string location, int year, int month, int day,
```

```
            string career)
            : base(name, location, year, month, day)
{
    this.career=career;
}
public string Career
{
    get { return career; }
    set { career=value; }
}
public override string Type
{
    get { return "雇员"; }
}
public override string DescribeSelf()
{
    return(base.DescribeSelf()+"\n"
        +"      职业: "+career);
}
}
```

（5）为窗体类 Form1 添加显示信息方法 ShowInfo()，代码如下：

```
public string ShowInfo(Description[] obj)
{
    string output="";
    for(int i=0; i<obj.Length; i++)
    {
        output+="\n"+obj[i].Type+":  "+obj[i].DescribeSelf()+"\n";
    }
    return output;
}
```

（6）在设计窗口中双击窗体上的"显示对象"按钮，为其添加 Click 事件处理代码，如下：

```
private void button1_Click(object sender, EventArgs e)
{
    Description[] persons=new Description[4];
    Student stu1=new Student("吴杰", "山东", 1990,5,24,"大二");
    Student stu2=new Student("张葵", "重庆", 2000, 1, 18, "五年级");
    Employee emp1=new Employee("王国良", "山西", 1970, 12, 24, "大学教师");
    Employee emp2=new Employee("钟一", "上海", 1979, 9, 23, "英语翻译");
    persons[0]=stu1;
    persons[1]=emp1;
    persons[2]=stu2;
    persons[3]=emp2;
    label1.Text=ShowInfo(persons);
}
```

3. 程序的运行

按【F5】键运行该应用程序，单击"显示对象"按钮，验证运行结果，参考图 6-10。

相关知识

1. 抽象类实现接口

抽象类也必须为其引用接口的所有成员提供它自己的实现，但是，也允许抽象类将接口方法映射到抽象方法上。

本任务中，Person 类实现了接口 Description，也实现了 Description 接口的 DescribeSelf()方法，代码如下：

```
public virtual string DescribeSelf()
{
    return " "+Name+" 出生日期:"+Birthday.ToShortDateString()+" 来自:"+Location;
}
```

将接口的 Type 属性映射到抽象属性上的代码如下：

```
public abstract string Type { get; }
```

该抽象属性必须在从 Person 派生的非抽象类中重写。例如，Student 类重写了该抽象属性，代码如下：

```
public override string Type
{
    get { return "学生"; }
}
```

2. 组合

一个类的成员可以引用其他类的对象，这种能力被称为组合。如 Person 类的 birthday 字段是 DateTime 对象的引用，DateTime 类型表示日期和时间。

在 Person 类的构造函数中，使用 new 和指定的年、月、日创建一个 DateTime 对象，并赋给当前对象的 birthday 字段：

```
public Person(string name, string location, int year, int month, int day)
{
    this.name=name;
    this.location=location;
    birthday=new DateTime(year, month, day);
}
```

3. 抽象类和接口

抽象类可以提供已实现的成员，因此可以用抽象类确保特定数量的相同功能，抽象类主要用于关系密切的对象。

而接口只提供成员，不提供成员实现，适合为不相关的类提供通用功能（如本任务中的 Description 接口）。

组件编程中一项强大的技术就是能够在一个对象上实现多个接口，每个接口由一小部分紧密联系的方法、属性组成。通过实现接口，组件可以为使用该接口的任何其他组件提供功能，而无须考虑其中所包含的特定功能。这使得后续组件的版本得以包含不同的功能而不会干扰核心功能。

虽然接口实现可以改进，但接口本身一经发布就不能再更改，否则会破坏现有的代码（影响已实现接口的类）。如果把接口视为约定，很明显约定双方都各有其义务，接口的发布方要保证不再更改接口结构，接口的实现方则同意严格按设计来实现接口。

从版本控制的角度看，抽象类要比接口更为灵活。在发布新版本的类时，可以将新方法添加到该类中，只要添加到基类的方法不是抽象方法，现有的派生类仍然可以继续运行（无须重新实现抽象方法）。

但是接口不支持继承，适用于类的模式不适用于接口。将新方法添加到接口等同于将抽象方法添加给基类，实现该接口的任何类都将中断，原因是没有实现新方法。

例如本任务中，为抽象基类 Person 添加计算年龄的以下方法：

```
public int GetAge()
{
    return DateTime.Now.Year-this.birthday.Year;
}
```

派生类不会受任何影响，还可以调用这个方法得到对象的年龄。

假如在接口 Description 中添加新的用于简要描述的方法 BrifeDescribe()，所有类都会出错，因为引用该方法的类中都没有实现接口的这个方法。

4．DateTime 类型

DateTime 类型常用的构造函数有两种，一种是：

`DateTime(int year, int month, int day)`

另一种是：

`DateTime(int year, int month, int day, int hour, int minute, int second)`

参数：year 表示年（1～9999），month 表示月（1～12），day 表示日（1 至 month 所对应的最大天数），hour 表示小时（0～23），minute 表示分钟（0～59），second 表示秒（0～59）。

DateTime 类型的常用属性如下：

DateTime.Date：属性值为此实例的日期部分。

DateTime.Year/Month/Day：属性值为此实例所表示日期的年份部分/月份部分/该月中的第几天。

DateTime.Hour：属性值为此实例所表示的小时部分。

DateTime.Now：属性值为当前日期和时间的 DateTime。

本 章 小 结

本章介绍了继承的概念，继承中涉及的各种情况的处理，多态性的概念，虚方法与方法重写的概念，抽象方法与抽象类的概念，以及接口和抽象类的相关概念。

习 题

1．如何防止派生类访问基类的一个成员？
2．如何防止一个类被继承？
3．简述接口的含义，以及在什么情况下要使用接口。
4．一个接口可以由多少类实现？一个类可以实现多少个接口？
5．接口可以声明构造函数吗？接口能被继承吗？类必须实现接口定义的所有成员吗？
6．编写一个程序，记录书店的存货清单。这个书店从出版商那里订购普通书和教科书。程序应该定义一个抽象类 Book，它包含 MustOverride 属性，并且有普遍属性 Quantity、Name 和 Cost。类 TextBook 和 TradeBook 应该从类 Book 中派生出来，并且因提价来重载属性 Price（假设普通书提价 40%，教材提价 20%）。程序应该允许用户在订单上输入并显示下列统计表：书的数量、教材的数量、所有订单的费用和全部存货清单的价值（存货清单的价值是将书店中所有书卖完后所得钱的数量）。

第 7 章 委托与事件

本章介绍委托的概念，组合委托的使用，事件的概念，自定义事件的编写，键盘事件的处理，鼠标事件的处理等。

学习目标

- 理解委托的概念；
- 掌握委托的使用方法；
- 理解事件的概念；
- 掌握事件驱动程序的编写流程；
- 掌握键盘事件和鼠标事件的编写方法。

7.1 委 托

delegate（委托）是 C#中的一种类型，它实际上是一种能够持有对某个方法的引用的类。与其他类不同，delegate 类能够拥有一个签名（由返回类型和参数组成），并且只能持有与其签名相匹配的方法的引用。

7.1.1 委托的使用

delegate 的实现很简单，通过以下 3 个步骤即可实现一个 delegate：
（1）声明一个 delegate 对象，该对象与想要传递的方法具有相同的参数和返回值类型。
（2）创建 delegate 对象，并将想要传递的函数作为参数传入。
（3）在要实现异步调用的地方，通过上一步创建的对象来调用方法。

任务 1　将方法作为方法的参数

任务描述

针对不同的人有不同的问候语，利用委托将英语问候和中文问候方法作为 GreetPeople()方法的参数，运行结果如图 7-1 所示。

任务实施

1. 创建项目和窗体

（1）创建一个"Windows 应用程序"项目。

（2）向窗体上添加 1 个标签框、1 个命令按钮，界面布局如图 7-2 所示，控件属性值如表 7-1 所示。

图 7-1 "委托的使用"程序运行结果

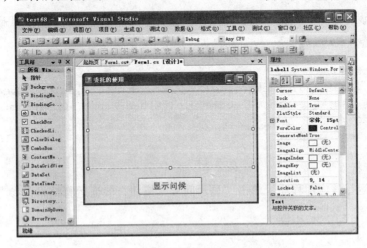

图 7-2 "委托的使用"程序界面布局

表 7-1 窗体控件的属性值

对象类型	对象名	属 性	值
窗体	Form1	Text	委托的使用
标签框	label1	Text	
		AutoSize	False
		BorderStyle	Fixed3D
命令按钮	button1	Text	显示问候

2. 代码的编写

（1）按【F7】键打开代码窗口，在最后一个右大括号"}"的上方，输入委托 GreetingDelegate 的定义，代码如下：

```
public delegate string GreetingDelegate(string name);
```

（2）在委托定义之后定义类 Greeting，代码如下：

```
public class Greeting
{
    public static string EnglishGreeting(string name)
    {
        return "Hello, "+name+".\nWellcome to Chongqing\n";
    }
    public static string ChineseGreeting(string name)
    {
```

```csharp
        return "你好，"+name+"。\n 欢迎你来重庆。\n";
    }
    public static string GreetPeople(string name, GreetingDelegate MakeGreeting)
    {
        string result;
        result=MakeGreeting(name);
        return result;
    }
}
```

(3) 切换到设计窗口，双击"显示问候"按钮，添加其单击代码事件，代码如下：

```csharp
private void button1_Click(object sender, EventArgs e)
{
    string output="";
    output+=Greeting.GreetPeople("王伊森", Greeting.ChineseGreeting);
    output+="\n"+Greeting.GreetPeople("Ethan Wang", Greeting.EnglishGreeting);
    label1.Text=output;
}
```

3. 程序的运行

按【F5】键运行该应用程序，单击"显示问候"按钮，验证运行结果，参考图7-1。

相关知识

1. 声明委托

委托声明的一般格式如下：

`public delegate 返回类型 委托名称(参数列表);`

其中"返回类型"和"参数列表"为delegate的签名（signature），delegate只能"委托"与其签名一致的方法。

本任务中的委托声明如下：

`public delegate string GreetingDelegate(string name);`

与委托对应的方法声明如下：

`public static string EnglishGreeting(string name) {…}`
`public static string ChineseGreeting(string name) {…}`

可见委托比对应方法的声明只多一个delegate关键字。

2. 委托是一种类型

本任务中，委托作为参数的方法GreetPeople()代码如下：

```csharp
public static string GreetPeople(string name, GreetingDelegate MakeGreeting)
{
    string result;
    result=MakeGreeting(name);
    return result;
}
```

如同name可以接受string类型的true和1，但不能接受bool类型的true和int类型的1一样，MakeGreeting的参数类型定义应该能够确定MakeGreeting可以代表的方法种类，再进一步讲，就是MakeGreeting可以代表方法的参数类型和返回类型。

于是可以将"显示问候"按钮的单击事件处理代码，修改成如下形式：
```
private void button1_Click(object sender, EventArgs e)
{
    string output="";
    GreetingDelegate delegate1, delegate2;
    delegate1=Greeting.ChineseGreeting;
    delegate2=Greeting.EnglishGreeting;
    output+=Greeting.GreetPeople("王伊森", delegate1);
    output+="\n" + Greeting.GreetPeople("Ethan Wang", delegate2);
    label1.Text=output;
}
```
这里声明了两个委托变量，让这两个委托变量分别指向两个不同的方法，在调用GreetPeople()方法的时候，将委托变量作为参数，从而达到将方法作为方法参数的目的。

委托的本质实质上是一个类，它定义了方法的类型，从而可以将方法当做另一个方法的参数来进行传递，这种将方法动态地赋给参数的做法，可以避免在程序中大量使用if…else(switch)语句，同时使得程序具有更好的可扩展性。

7.1.2 组合委托

委托类型不同于一般数据类型的是：可以将多个方法赋给同一个委托，或者说将多个方法绑定到同一个委托，当调用这个委托的时候，将依次调用其所绑定的方法。

任务2 绑定多个方法到委托

任务描述

对任务1进行修改，实现委托对多个方法的绑定与取消绑定，运行结果如图7-3所示。

图7-3 "绑定多个方法到委托"程序运行结果

任务实施

1. 创建项目和窗体

项目窗体格式与任务1相同。

2. 代码的编写

（1）按【F7】键打开代码窗口，在最后一个右大括号"}"上方，输入委托GreetingDelegate的定义，代码如下：
```
public delegate void GreetingDelegate(string name);
```
（2）在窗体Form1类中添加如下方法：
```
private void EnglishGreeting(string name)
{
    label1.Text+="Hello, "+name+".\nWellcome to Chongqing\n";
}
private void ChineseGreeting(string name)
{
```

```
        label1.Text+="你好，"+name+"。\n欢迎你来重庆。\n";
    }
    private void GreetPeople(string name, GreetingDelegate MakeGreeting)
    {
        MakeGreeting(name);
    }
```

（3）切换到设计窗口，双击"显示问候"按钮，添加其单击事件处理代码，如下：

```
    private void button1_Click(object sender, EventArgs e)
    {
        GreetingDelegate delegate1=new GreetingDelegate(EnglishGreeting);
        delegate1+=ChineseGreeting;    // 给此委托变量再绑定一个方法

        // 将先后调用 EnglishGreeting()与 ChineseGreeting()方法
        GreetPeople("Ethan Wang", delegate1);

        delegate1-=EnglishGreeting;  //取消对 EnglishGreeting()方法的绑定
        // 将仅调用 ChineseGreeting()方法
        label1.Text+="\n";
        GreetPeople("王伊淼", delegate1);
    }
```

3. 程序的运行

按【F5】键运行该应用程序，单击"显示问候"按钮，验证运行结果，参考图7-3。

相关知识

1. 绑定方法

使用委托可以将多个方法绑定到同一个委托变量，当调用此变量时（这里用"调用"这个词，是因为此变量代表一个方法），可以依次调用所有绑定的方法。

可以使用"+="运算符向委托中绑定更多方法，代码如下：

```
GreetingDelegate delegate1=new GreetingDelegate(EnglishGreeting);
delegate1+=ChineseGreeting;    // 给此委托变量再绑定一个方法
```

由于 delegate 是一个特殊的"类"类型，所以对 delegate 类型变量的赋值，也可以像实例化一个类的对象那样，用 new 关键字来进行。上面的语句实例化了一个委托 delegate1，然后用"+="运算符为该委托又添加一个方法 ChineseGreeting()，此时用该委托作为方法的参数，代码如下：

```
GreetPeople("Ethan Wang", delegate1);
```

上面的语句将先后调用 EnglishGreeting()方法和 ChineseGreeting()方法，在标签框中显示的就是"Ethan Wang"的英文和中文的问候语。

2. 删除绑定

要从委托中删除绑定的方法，可以使用"-="运算符，代码如下：

```
delegate1-=EnglishGreeting;   //取消对 EnglishGreeting 方法的绑定
```

由于从委托的函数列表中删除了对方法 EnglishGreeting()的引用，所以此时用该委托作为方法参数，代码如下：

```
GreetPeople("王伊淼", delegate1);
```

3. 面向封装的改进

本任务中为了方便读者理解，将3个方法的定义放在了窗体类 Form 中，实际应用中，通常是 GreetPeople()方法在一个类中，ChineseGreeting()和 EnglishGreeting()方法在另外的类中，对本任务中的代码进行改进，可以将 GreetingPeople()方法放在一个叫 GreetingManager 的类中，新添加代码如下：

```
public class GreetingManager
{
    //在 GreetingManager 类的内部声明 delegate1 变量
    public GreetingDelegate delegate1;

    public void GreetPeople(string name)
    {
        if(delegate1!=null)
        {                              //如果有方法注册委托变量
            delegate1(name);           //通过委托调用方法
        }
    }
}
```

对"显示问候"按钮单击事件处理代码进行修改如下：

```
private void button1_Click(object sender, EventArgs e)
{
    GreetingManager gm=new GreetingManager();
    gm.delegate1=EnglishGreeting;
    gm.delegate1+=ChineseGreeting;    // 给此委托变量再绑定一个方法

    // 将先后调用 EnglishGreeting()与 ChineseGreeting()方法
    gm.GreetPeople("Ethan Wang");

    gm.delegate1-=EnglishGreeting;    //取消对 EnglishGreeting 方法的绑定
    // 将仅调用 ChineseGreeting()方法
    label1.Text+="\n";
    gm.GreetPeople("王伊森");
}
```

7.2 事 件

观察 7.1.2 小节"相关知识"中改进后的任务 2 的代码，类 GreetingManager 中的字段 delegate1 作为变量来说，与一般的 string 类型变量是没什么区别的。而类中的字段应该考虑访问属性，并不是所有的字段都应该设为 public。

理论上讲，类中的方法应该设为 public，字段应该设为 private，但是如果将 delegate1 的访问属性设置为 private，客户端（使用该类的地方）对其不可见，这个字段就完全没什么意义了，声明委托就是为了把它暴露在类的客户端进行方法的注册。但是如果 delegate1 是 public 类型的字段，在客户端可以对其进行随意的赋值等操作，又会严重破坏对象的封装性。

如果 delegate1 不是一个委托类型，而是一个一般的数据类型（比如 string 类型），解决这个问题的方法当然是使用属性对字段进行封装。于是，针对委托类型的封装要求，出现了 Event（事件）。

Event 封装了委托类型的变量，使得类的内部，不管用户声明它是 public 还是 protected，它总是 private 的。在类的外部，注册"+="和注销"-="的访问限定符与声明事件时所使用的访问符相同。声明一个事件类似于声明一个进行了封装的委托类型的变量。

事件是对象发送的消息，以信号通知操作的发生。操作可能是由用户交互（如单击等）引起的，也有可能是由某些其他的程序逻辑触发的。引发（触发）事件的对象叫做事件发送方，捕获事件并对其做出响应的对象叫做事件接收方。

在事件通信中，事件发送方不知道哪个对象或方法将接收到（处理）它引发的事件。所需要的是在源和接收方之间存在一个媒介（或类似指针的机制），这一媒介就是代理。

事件功能是由 3 个相互联系的元素提供的：提供时间数据的类、事件委托和引发事件的类。.NET 框架具有命名与事件相关的类和方法的约定，如果需要自定义的类能够引发一个名为 EventName 的事件，需要以下要素：

（1）持有事件数据的类。该类名为 EventNameEventArgs，必须继承自 System.EventArgs 类。如果不需要自定义持有事件数据的类，那么就使用 System.EventArgs 类。

（2）事件的委托。该委托名为 EventNameEventHandler。

（3）引发事件的类。该类必须提供下面两项：

- 事件声明，代码如下：

```
public event EventNameEventHandler EventName;
```

- 引发事件的方法，即 OnEventName()。

（4）定义使用此事件的类。所有这些类都包括：

- 创建事件源对象。使用定义的构造函数，创建包含事件定义的类的对象。
- 定义事件处理程序，也就是定义将与事件产生关联的方法。
- 将事件源对象注册到事件处理程序。使用委托对象和"+="运算符、"-="运算符将一个或多个方法与事件源中的事件关联。

任务 3 电 水 壶

任务描述

设计一个自动鸣笛的电水壶，通电烧水，当水温超过 90℃的时候：① 扬声器会开始发出声音，告诉用户水的温度；② 液晶屏也会改变水温的显示，提示水已经快烧开了。编写一个程序，模拟这个烧水的过程，运行结果如图 7-4 所示。

任务实施

1. 创建项目和窗体

创建一个"控制台应用程序"项目。

2. 代码的编写

在命名空间中，输入如下代码：

```
// 热水器
public class Heater
{
```

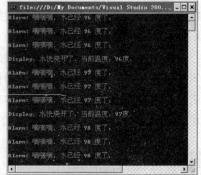

图 7-4 "电水壶"程序运行结果

```csharp
    private int temperature;
    //声明委托
    public delegate void BoiledEventHandler(Object sender, BoiledEventArgs e);
    public event BoiledEventHandler Boiled;   //声明事件

    // 定义BoiledEventArgs类，传递给Observer所感兴趣的信息
    public class BoiledEventArgs : EventArgs
    {
        public readonly int temperature;
        public BoiledEventArgs(int temperature)
        {
            this.temperature=temperature;
        }
    }

    // 可以供继承自 Heater 的类重写，以便继承类拒绝其他对象对它的监视
    protected virtual void OnBoiled(BoiledEventArgs e)
    {
        if(Boiled!=null)  // 如果有对象注册
        {
            Boiled(this, e);   // 调用所有注册对象的方法
        }
    }

    // 烧水
    public void BoilWater()
    {
        for(int i=0; i<=100; i++)
        {
            temperature=i;
            if(temperature>95)  //建立 BoiledEventArgs 对象
            {
                BoiledEventArgs e=new BoiledEventArgs(temperature);
                OnBoiled(e);   // 调用 OnBolied()方法
            }
        }
    }
}

// 警报器
public class Alarm
{
    public void MakeAlert(Object sender, Heater.BoiledEventArgs e)
    {
        Heater heater=(Heater)sender;
        Console.WriteLine("Alarm: 嘀嘀嘀, 水已经 {0} 度了: ", e.temperature);
        Console.WriteLine();
    }
}
```

```csharp
// 显示器
public class Display
{
    public static void ShowMsg(Object sender, Heater.BoiledEventArgs e)
                                                            //静态方法
    {
        Heater heater=(Heater)sender;
        //Console.WriteLine("Display: {0} - {1}: ", heater.area, heater.type);
        Console.WriteLine("Display: 水快烧开了，当前温度: {0}度。", e.temperature);
        Console.WriteLine();
    }
}
class Program
{
    static void Main(string[] args)
    {
        Heater heater=new Heater();
        Alarm alarm=new Alarm();
        heater.Boiled+=alarm.MakeAlert;                     //注册方法
        heater.Boiled+=(new Alarm()).MakeAlert;             //给匿名对象注册方法
        heater.Boiled+=new Heater.BoiledEventHandler(alarm.MakeAlert);
                                                            //也可以这样注册
        heater.Boiled-=Display.ShowMsg;                     //注册静态方法

        heater.BoilWater();                  //烧水，会自动调用注册过对象的方法
        Console.ReadLine();
    }
}
```

3. 程序的运行

按【F5】键运行该应用程序，运行结果参考图 7-4。

相关知识

1. Observer 模式

Observer 设计模式中主要包括以下两类对象：

- **Subject**：监视对象，它往往包含其他对象所感兴趣的内容。本任务中，电水壶就是一个监视对象，它所包含的其他对象感兴趣的内容，就是 temprature 字段，当这个字段的值快到 100 时，监视对象会不断把数据发给监视它的对象。
- **Observer**：监视者，它监视 Subject，当 Subject 中的某件事发生时，会告知 Observer，然后 Observer 会采取相应的行动。本任务中，Observer 有警报器和显示器，它们采取的行动分别是发出警报声和显示水温。

本任务中，事情发生的顺序应该是这样的：

（1）警报器和显示器告诉电水壶，它对其温度比较感兴趣（注册）。
（2）电水壶知道后保留对警报器和显示器的引用。
（3）电水壶进行烧水这一动作，当水温超过 95℃时，通过对警报器和显示器的引用，自动调用警报器的 MakeAlert()方法和显示器的 ShowMsg()方法。

类似这样的例子是很多的，GOF 对它进行了抽象，称为 Observer 设计模式。Observer 设计模

式是为了定义对象间的一种一对多的依赖关系,以便于当一个对象的状态改变时,其他依赖于它的对象会被自动告知并更新。Observer 模式是一种松耦合的设计模式。

2. 声明事件的委托

事件的委托声明如下:

```
public delegate void BoiledEventHandler(Object sender, BoiledEventArgs e);
```

BoiledEventHandler 委托使用事件委托的标准模式定义事件的签名。它有一个以 EventHandler 结尾的名称和两个参数,第一个参数是引发事件的对象的引用,第二个参数是持有事件数据的对象,它用于传递与事件一起传递的信息。

如果没有需要和事件一起传递的信息,可以将第二个参数的类型设置为 EventArgs;如果有需要一起传递的信息,就必须使用派生自 EventArgs 的类作为第二个参数,如本任务中的 BoiledEventArgs 类。

```
// 定义 BoiledEventArgs 类,传递给 Observer 所感兴趣的信息
public class BoiledEventArgs : EventArgs
{
    public readonly int temperature;
    public BoiledEventArgs(int temperature)
    {
        this.temperature=temperature;
    }
}
```

3. 定义事件源

(1) 事件声明。

使用 event 关键字(其类型是事件委托)在定义的类中定义一个事件,代码如下:

```
public class Heater
{
    …
    public event BoiledEventHandler Boiled;   //声明事件
    …
}
```

在热水壶类 Heater 中,Boiled 事件是 BoiledEventHandler 类的委托。

Boiled 事件的声明完成两件事:首先,它声明一个名为 Boiled 的委托成员变量,该变量在类的内部使用;其次,它声明一个名为 Boiled 的事件,该事件可在类的外部使用,但是要遵循通用的可访问性规则(在此情况下,事件是公共的)。也就是说,事件就是委托类型的变量。

(2) 引发事件的方法(OnEventName()方法)。

通常在引发事件的类中提供一个受保护的方法,以便类或其派生类可以激发事件,代码如下:

```
public class Heater
{
    …
    // 可以供继承自 Heater 的类重写,以便继承类拒绝其他对象对它的监视
    protected virtual void OnBoiled(BoiledEventArgs e)
    {
        if(Boiled!=null)    // 如果有对象注册
        {
            Boiled(this, e);    // 调用所有注册对象的方法
```

```
        }
    }
    …
}
```
该方法的命名规则必须符合 OnEventName()方法。OnEventName 方法通过调用委托来引发事件。

(3) 调用 OnEventName()方法的方法或属性。

在 Heater 类中声明了调用 OnBoiled()方法的代码如下：

```
public class Heater
{
    …
    // 烧水
    public void BoilWater()
    {
        for(int i=0; i<=100; i++)
        {
            temperature=i;
            if(temperature>95)  //建立 BoiledEventArgs 对象
            {
                BoiledEventArgs e=new BoiledEventArgs(temperature);
                OnBoiled(e);   // 调用 OnBolied()方法
            }
        }
    }
    …
}
```

当 temperature 字段的值大于 95 时，温度每增加 1℃，则引发一次 Boiled 事件（调用一次 OnBoiled()方法）。

4. 定义使用此事件的类

该类应该包括：

- 创建事件源对象。使用定义的构造函数，创建包含事件定义的类的对象。
- 定义事件处理程序，也就是定义与事件关联的方法。
- 将事件源对象注册到事件处理程序。使用委托对象和 "+=" 运算符、"-=" 运算符将一个或多个方法与事件源中的事件关联。

本任务中 Program 类是使用事件的类。

(1) 创建事件源对象。

在 Program 类的 Main()方法中声明并实例化了一个 Heater 对象，代码如下：

```
class Program
{
    static void Main(string[] args)
    {
        Heater heater=new Heater();
        Alarm alarm=new Alarm();
        heater.Boiled+=alarm.MakeAlert;                    //注册方法
        heater.Boiled+=(new Alarm()).MakeAlert;            //给匿名对象注册方法
        heater.Boiled+=new Heater.BoiledEventHandler(alarm.MakeAlert);
                                                           //也可以这么注册
```

```
        heater.Boiled-=Display.ShowMsg;            //注册静态方法
        …
    }
}
```

在 Program 类的 Main()方法中创建定义事件的类 Heater 的对象 heater，然后通过 Alerm 类的对象 alerm 中 MakeAlert()方法引用实例化 BoiledEventHandler 委托，再通过"+="运算符将事件源对象 heater 的事件 Boiled 注册到该委托，将事件源对象注册到事件处理程序。

这样，MakeAlert()方法与 heater 对象的 Boiled 事件建立了关联，当 heater 对象发生 Boiled 事件时，执行 MakeAlert()方法(以及后面添加的另外两次 MakeAlert()方法和一次 Display 类的 ShowMsg()方法)。

（2）定义将与事件关联的方法（事件处理程序）。
Alert 类中有以下方法：

```
// 警报器
public class Alarm
{
    public void MakeAlert(Object sender, Heater.BoiledEventArgs e)
    {
        Heater heater=(Heater)sender;
        Console.WriteLine("Alarm: 嘀嘀嘀，水已经 {0} 度了: ", e.temperature);
        Console.WriteLine();
    }
}
```

Display 类中有以下方法：

```
// 显示器
public class Display
{
    public static void ShowMsg(Object sender, Heater.BoiledEventArgs e)
                                                            //静态方法
    {
        Heater heater=(Heater)sender;
        Console.WriteLine("Display: 水快烧开了,当前温度: {0}度。", e.temperature);
        Console.WriteLine();
    }
}
```

每次引发 Boiled 事件时，就会调用 3 次 MakeAlert()方法和 1 次 Display()方法，在控制台显示输出，参考图 7-4。

5．引发事件

在 Program 类的 Main()方法中，调用 heater 对象的 BoilWater()方法，代码如下：

```
class Program
{
    static void Main()
    {
        …
        heater.BoilWater();    //烧水，会自动调用注册过对象的方法
        Console.ReadLine();
    }
}
```

BoilWater()方法中有如下引发事件的代码：
```
if(temperature>95)  //建立 BoiledEventArgs 对象
{
    BoiledEventArgs e=new BoiledEventArgs(temperature);
    OnBoiled(e);   // 调用 OnBolied()方法
}
```
增加 temperature 的值，当其大于 95 时，调用方法 OnBoiled()，OnBoiled()方法通过调用委托 Boiled(this, e);来引发 Boiled 事件，从而执行委托封装的方法 MakeAlert()和 ShowMsg()。

7.3 键盘事件

在 Windows 应用程序中，用户主要依靠鼠标和键盘下达命令和输入各种数据，C#应用程序可以响应多种键盘及鼠标事件。

利用键盘事件可以编程响应多种键盘操作，通过【Shift】、【Ctrl】和【Alt】键的配合使用，也可以解释、处理 ASCII 字符。

C#主要为用户提供了 3 种键盘事件：按下某个 ASCII 字符键时发生 KeyPress 事件；按下任意键时发生 KeyDown 事件；释放键盘上的任意键时发生 KeyUp 事件。

只有获得焦点的对象才能够接受键盘事件。只有当窗体为活动窗体且其上所有控件均未获得焦点时，窗体才能够获得焦点，这种情况只有在空窗体和窗体上的控件都无效时才发生。但是，如果将窗体上的 KeyPreview 属性设置为 True，则窗体就会在控件识别其键盘事件之前抢先接收这些键盘事件。

键盘事件之间并不互相排斥。按下一个键时产生 KeyPress 和 KeyDown 事件，释放该键时产生一个 KeyUp 事件，但是 KeyPress 事件并不能识别所有的按键。

按【Tab】键时，一般会产生焦点转移事件，而不会触发键盘事件，除非窗体上每个控件都无效或每个控件的 TabStop 属性均为 False。

7.3.1 KeyPress 事件

当用户按下又释放某个 ASCII 字符键时，会引发当前拥有焦点对象的 KeyPress 事件。

任务 4　查看按键的 ASCII 码

任务描述

设计一个 ASCII 码查看程序，程序启动后显示提示信息，用户按下某一键后，显示该按键的 ASCII 码值，如图 7-5 所示，单击则删除已显示的 ASCII 码信息。

图 7-5 "查看按键的 ASCII 码值"程序运行结果

任务实施

1．创建项目和窗体

（1）创建一个"Windows 应用程序"项目。

（2）向窗体上添加 2 个标签框、1 个命令按钮，界面布局如图 7-6 所示，控件属性值如表 7-2 所示。

图 7-6　"查看按键的 ASCII 码"程序界面布局

表 7-2　窗体控件的属性值

对象类型	对象名	属　性	值
窗体	Form1	Text	查看按键的 ASCII 码
标签框	label1	Text	
		AutoSize	False
		BorderStyle	Fixed3D
	label2	Text	单击键盘按键，显示其 ASCII 值 单击窗体清屏

2．代码的编写

（1）在设计窗口中选中窗体 Form1，在"属性"窗口中，单击 按钮切换到"事件"面板，双击"KeyPress"，为 Form1 添加 KeyPress 事件代码如下：

```
private void Form1_KeyPress(object sender, KeyPressEventArgs e)
{
    switch(e.KeyChar)    //e.KeyChar 返回用户在键盘上按下的字符
    {
        case (char)Keys.Back:    //如果按下的是 ASCII 码为 8 的键（【Backspace】键，
                                 //非显示字符）
            label1.Text="退格键："+(int)Keys.Back+"\n"+label1.Text; break;
        case (char)Keys.Tab:     //如果按下的是 ASCII 码为 9 的键（【Tab】键，非显示字符）
            label1.Text="Tab 键："+(int)Keys.Tab+"\n"+label1.Text; break;
        case (char)Keys.Enter:   //如果按下的是 ASCII 码为 13 的键（【Enter】键，非
                                 //显示字符）
            label1.Text="回车(Enter)键："+(int)Keys.Enter+"\n"+label1.Text;
            break;
        case (char)Keys.Space:   //如果按下的是 ASCII 码为 32 的键（【Space】键，非显示字符）
            label1.Text="空格(Space)键："+(int)Keys.Space +"\n"+label1.Text;
            break;
```

```
        case (char)Keys.Escape: //如果按下的是ASCII码为27的键(【Esc】键,非显示
                                //字符)
            label1.Text="Esc键: "+(int)Keys.Escape+"\n"+label1.Text;
            break;
        default:                //如果按下的是ASCII码为其他值的键(可显示字符)
            label1.Text=e.KeyChar+": "+(int)e.KeyChar +"\n"+label1.Text;
            break;
    }
}
```

（2）添加窗体 Click 事件代码如下::

```
private void label2_Click(object sender, EventArgs e)
{
    label1.Text="";             //清空label1中的内容
}
```

3. 程序的运行

按【F5】键运行该应用程序，按键盘上的键显示对应键的 ASCII 码，单击则清除已显示的内容，运行结果参考图 7-5。

相关知识

1. KeyPressEventArgs 事件参数

KeyPress 事件的委托定义中，以一个 KeyPressEventArgs 类型的变量将 KeyPress 事件发生时的相关信息传递给委托（封装了事件处理方法）。

KeyPressEventArgs 是一个系统定义的、派生自 System.Windows.Forms.EventArgs 的类，其 KeyChar 属性用于返回用户所按键的字符。

2. Keys 枚举

该枚举的命名空间为 System.Windows.Forms。C#在 Keys 枚举类型中为包括功能键在内的许多键定义了枚举值，枚举常量值的定义与键盘返回码值的定义是一致的，表 7-3 列出了一些常用键及其对应的枚举值。

表 7-3 Keys 部分枚举值

键	值	枚举常量	键	值	枚举常量
Backspace	8	Keys.BackSpace	PageDown	34	Keys.Next
Tab	9	Keys.Tab	End	35	Keys.End
Enter	13	Keys.Enter	Home	36	Keys.Home
Caps Lock	20	Keys.Capital	（数字区）0～9	48～57	Keys.D0～Keys.D9
Esc	27	Keys.Escape	A(a)–Z(z)	65～90	Keys.A ～ Keys.Z
PageUp	33	Keys.Prior	（小键盘）0～9	96～105	Keys.NumPad0～Keys.NumPad9
←	37	Keys.Left	*	106	Keys.Multiply
↑	38	Keys.Up	+	107	Keys.Add

续表

键	值	枚举常量	键	值	枚举常量
→	39	Keys.Right	-	109	Keys.Subtarct
↓	40	Keys.Down	.	110	Keys.Decimal
Insert	45	Keys.Insert	/	111	Keys.Divide
Delete	46	Keys.Delete	F1～F12	112～123	Keys.F1～Keys.F12

3. KeyPress 事件的局限

KeyPress 事件并不能识别出所有的按键事件，下列情况是 KeyPress 不能识别的：

- 不能识别【Shift】、【Ctrl】、【Alt】键的特殊组合。
- 不能识别方向（箭头）键。注意：有些控件，如命令按钮、单选按钮、复选框不接收方向键事件，但按方向键会使焦点移动到另一个控件。
- 不能识别【PageUp】和【PageDown】键。
- 不能区分数字小键盘中的数字键和主键盘中的数字键。
- 不能识别与菜单命令无联系的功能键。

7.3.2 KeyDown 与 KeyUp 事件

当用户按键盘上的任意键时，会引发当前拥有焦点对象的 KeyDown 事件。用户释放键盘上的任意键时，会引发 KeyUp 事件。KeyDown 和 KeyUp 事件会通过相应事件参数中的 e.KeyCode 或 e.KeyValue 返回用户按键对应的 ASCII 码。

任务 5　数字加密

任务描述

设计一个数字文本加密程序，当用户在文本框中输入一个数字时，程序将会按照一定的规律将其转换为其他字符并显示在文本框中，如图 7-7 所示。

按【Backspace】键可以删除光标前的一个字符。

按【Enter】键显示如图 7-7 所示的对话框，单击"确定"按钮结束程序运行。

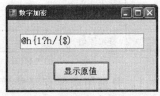

图 7-7 "数字加密"程序运行结果

按【Ctrl+Shift+End】组合键，直接结束程序。

单击"显示原值"按钮，显示用户输入的实际值。

数字字符的转换规则如表 7-4 所示。

表7-4 数字字符转换规则

原 始 字 符	转换后字符	原 始 字 符	转换后字符
1	?	6	X
2	{	7	)
3	$	8	/
4	h	9	&
5	@	0	<

任务实施

1. 创建项目和窗体

(1) 创建一个"Windows应用程序"项目。

(2) 向窗体上添加1个文本框、1个命令按钮,界面布局如图7-8所示,控件属性值如表7-5所示。

图7-8 "数字加密"程序界面布局

表7-5 窗体控件的属性值

对象类型	对象名	属 性	值
窗体	Form1	Text	数字加密
文本框	textBox1	Text	
命令按钮	button1	Text	显示原值

2. 代码的编写

(1) 在Form1类定义的类体中声明字符串类型字段 str 和 str1,分别用来保存要显示在textBox1中的内容和实际输入的内容,代码如下:

```
private string str,str1;
```

(2) 在设计窗口中选中文本框 textBox1,在"属性"窗口中,单击 按钮切换到"事件"面板,双击"KeyDown",为Form1添加KeyDown事件代码,如下:

```
private void textBox1_KeyDown(object sender, KeyEventArgs e)
{
```

```csharp
    if(textBox1.Text=="")
        str="";
    else
        str=textBox1.Text;
//判断用户是否按下了【Backspace】键
    if((int)e.KeyCode!=(int)Keys.Back&&(e.KeyValue>=48&&e.KeyValue<=57
        ||e.KeyValue>=96&&e.KeyValue<=105))
    {
        //将输入的实际字符存入 str1 中
        if(e.KeyValue<96)        //录入键区的数字键
            str1+=(char)e.KeyValue;
        else                     //录入小键盘区的数字键
            str1+=(char)(e.KeyValue-48);
    }
    //如果按下的是【Backspace】键，删除 str1 中的一个字符
    else if((int)e.KeyCode==(int)Keys.Back)
    {
        if(str1.Length==0)
            return;
        str1=str1.Remove(str1.Length-1);
        str=str.Remove(str.Length-1);
    }
}
```

（3）添加 textBox1 的 KeyUp 事件代码如下：

```csharp
private void textBox1_KeyUp(object sender, KeyEventArgs e)
{
    //如果用户按下的是【Ctrl+Shift+End】组合键，则直接退出
    if(e.Control && e.Shift && e.KeyValue==35)
        this.Close();
    //如果用户按下的不是【Backspace】键或【Enter】键
    if((int)e.KeyCode!=(char)Keys.Back&&(int)e.KeyCode!=(char)Keys.
    Enter)
    {
        switch((int)e.KeyCode)
        {
            case (char)Keys.D1:        //录入键盘区的"1"与小键盘区的"1"相同操作
            case (char)Keys.NumPad1:str+="?";textBox1.Text=str;break;
            case (char)Keys.D2:
            case (char)Keys.NumPad2:str+="{";textBox1.Text=str;break;
            case (char)Keys.D3:
            case (char)Keys.NumPad3:str+="$";textBox1.Text=str;break;
            case (char)Keys.D4:
            case (char)Keys.NumPad4:str+="h";textBox1.Text=str;break;
            case (char)Keys.D5:
            case (char)Keys.NumPad5:str+="@";textBox1.Text=str;break;
            case (char)Keys.D6:
            case (char)Keys.NumPad6:str+="X";textBox1.Text=str;break;
            case (char)Keys.D7:
            case (char)Keys.NumPad7:str+=")";textBox1.Text=str;break;
            case (char)Keys.D8:
            case (char)Keys.NumPad8:str+="/";textBox1.Text=str;break;
            case (char)Keys.D9:
```

```
            case (char)Keys.NumPad9:str+="&";textBox1.Text=str;break;
            case (char)Keys.D0:
            case (char)Keys.NumPad0:str+="<";textBox1.Text=str;break;
            default:return;
        }
        textBox1.SelectionStart=textBox1.TextLength;//将文本框中的光标移动到最后
    }
    if((int)e.KeyCode==(int)Keys.Enter)              //如果用户按下的是【Enter】键
    {
        if(MessageBox.Show("确定要退出程序吗？","确认退出",
            MessageBoxButtons.OKCancel,MessageBoxIcon.Information)
            ==DialogResult.OK)      //如果单击"确定"按钮则结束程序
            this.Close();
    }
}
```

（4）添加"显示原值"按钮的单击事件处理代码，如下：

```
private void button1_Click(object sender, EventArgs e)
{
    MessageBox.Show("实际输入的值是: "+str1);
    return;
}
```

3．程序的运行

按【F5】键运行该应用程序，在文本框中输入数字，显示密码，按【Enter】键弹出"确认退出"对话框，单击"显示原值"按钮，弹出对话框，按【Ctrl+Shift+End】组合键关闭程序，运行结果参考图 7-7。

相关知识

1．KeyCode、KeyValue 和 KeyData 属性

通过返回的 KeyEventArgs 类的事件参数对象的 KeyCode 属性，来获取 KeyDown 或 KeyUp 事件的键盘代码，即 Keys 枚举。例如，当使用组合键【Ctrl+A】时，返回的事件参数的 KeyCode 属性的值是"A"。

KeyValue 实际上等于 KeyCode，KeyCode 是枚举，KeyValue 是枚举对应的 Integer 值。例如，当使用组合键【Ctrl+A】时，返回的事件参数的 KeyValue 属性的值为 65（A），而不是 97（a）。

KeyData 可以记录组合键，例如，当使用组合键【Ctrl+A】时，返回的事件参数的 KeyData 属性值为"A,Ctrl"。

注意：这 3 个属性对于字母键只记录其大写的值（不管用户是否开启了【CapsLock】键或是按住【Shift】键），如果一定要区分到底是大小写，可以使用返回事件参数的 KeyChar 属性来判断。

2．组合键判断

返回的 KeyEventArgs 类的事件参数对象的 Ctrl、Shift 和 Alt 属性用于判断用户是否按下了其中的某些键，这些属性返回的都是 bool 类型的值，true 表示按下，false 表示没有按。

如本任务中，判断是否按下【Ctrl+Shift+End】组合键时，使用了以下代码：

```
//如果用户按下的是【Ctrl+Shift+End】组合键，则直接退出
if(e.Control&&e.Shift&&e.KeyValue==35)
    this.Close();
```

7.4 鼠标事件

C#支持的鼠标事件有很多，本节主要介绍 MouseDown、MouseUp 和 MouseMove 3 种鼠标事件。系统通过 MouseEventArgs 类为 MouseUp 等事件提供数据，使用该类对象的成员判断用户按下了哪个鼠标键、按下并释放了几次鼠标键、鼠标轮转动情况及当前鼠标指针所在位置的坐标。

任务 6 鼠标事件

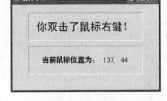

图 7-9 鼠标事件

设计一个程序，当用户在窗体上单击或双击鼠标左键或右键时，显示相应的信息，并显示鼠标指针所在位置的坐标，如图 7-9 所示。

任务实施

1．创建项目和窗体

（1）创建一个"Windows 应用程序"项目。

（2）向窗体上添加 2 个标签框，界面布局如图 7-10 所示，控件属性值如表 7-6 所示。

图 7-10 "鼠标事件"程序界面布局

表 7-6 窗体控件的属性值

对象类型	对象名	属　性	值
窗体	Form1	Text	鼠标事件
标签框	label1	Text	
		AutoSize	False
		TextAlign	MiddleCenter
		BorderStyle	Fixed3D
	label2	Text	
		AutoSize	False
		TextAlign	MiddleCenter
		BorderStyle	Fixed3D

2. 代码的编写

（1）在设计窗口中选中窗体 Form1，在"属性"窗口中，单击按钮切换到"事件"面板，双击"MouseDown"，为 Form1 添加 MouseDown 事件代码如下：

```
private void Form1_MouseDown(object sender, MouseEventArgs e)
{
    string str1="", str2="";
    switch(e.Button)                          //判断用户按下了哪个鼠标键
    {
        case MouseButtons.Right:str1="右"; break;
        case MouseButtons.Left:str1="左"; break;
    }
    switch(e.Clicks)                          //判断用户连续按下并释放了几次鼠标键
    {
        case 1:str2="单"; break;
        case 2:str2="双"; break;
    }
    label1.Text="你"+str2+"击了鼠标"+str1+"键！";
}
```

（2）为 Form1 添加 MouseMove 事件代码如下：

```
private void Form1_MouseMove(object sender, MouseEventArgs e)
{
    label2.Text="当前鼠标位置为: "+" "+e.X+", "+e.Y;
}
```

（3）在设计窗口中，分别选择 label1 和 label2，在"属性"窗口的事件列表中选择 MouseDown 事件，单击该事件右侧的下拉按钮，在弹出的下拉列表中选择 Form1_MouseDown，这样就使得两个标签控件与窗体享用同一个 MouseDown 事件代码，不论在控件上还是在窗体上操作鼠标，都将执行相同的操作。

同理，让 label1 与 label2 的 MouseMove 事件与 Form1 享用相同事件代码。

3. 程序的运行

按【F5】键运行该应用程序，单击或双击鼠标左、右键，会在 label1 中显示按键信息，在 label2 中显示当前鼠标指针所在位置的坐标，参考图 7-9。

相关知识

1. 鼠标事件发生的顺序

当用户操作鼠标时，将触发一些鼠标事件，事件发生的顺序如下：

（1）MouseEnter：当鼠标指针进入控件时触发的事件。

（2）MouseMove：当鼠标指针在控件上移动时触发的事件。

（3）MouseHover/MouseDown/MouseWheel：MouseHover 事件在鼠标指针悬停在控件上时被触发；MouseDown 事件在用户按下鼠标键时被触发；MouseWheel 事件在转动鼠标滚轮并且控件有焦点时被触发。

（4）MouseUp：控件上按下的鼠标键被释放时触发 MouseUp 事件。

（5）MouseLeave：鼠标指针离开控件时触发 MouseLeave 事件。

2. MouseEventArgs 类

鼠标事件的参数以 MouseEventArgs 类的对象返回，MouseEventArgs 类的常用属性如表 7-7 所示。

表 7-7 MouseEventArgs 类的常用属性

属　　性	说　　明
Button	获取曾按下的是哪个鼠标键，取值可以使用 MouseButtons 枚举的成员
Clicks	获取按下并释放鼠标键的次数（整型），1 表示单击，2 表示双击
Delta	获取鼠标滚轮已转动的制动器数的有符号计数，制动器是鼠标滚轮的一个凹口
X 或 Y	获取当前鼠标指针所在位置的 X 或 Y 坐标
Ctrl	如果在鼠标事件发生时按住【Ctrl】键则为 true；否则为 false
Shift	如果在鼠标事件发生时按住【Shift】键则为 true；否则为 false

3. MouseButtons 枚举

MouseButtons 用于指定鼠标键的值，其成员如表 7-8 所示。

表 7-8 MouseButtons 枚举成员

成　员　名　称	说　　明
Left	鼠标左键
Middle	鼠标中键
Right	鼠标右键
XButton1	第一个鼠标扩展键
XButton2	第二个鼠标扩展键

下面的语句判断用户是否使用鼠标右键双击了窗体，若是，则退出程序：

```
private void Form1_MouseDown(object sender, MouseEventArgs e)
{
    if(e.Button==MouseButtons.Right && e.Clicks==2)
        this.Close();
}
```

本 章 小 结

本章首先介绍了委托的概念和使用方法，然后对事件的概念进行了介绍，随后展开介绍了键盘事件及鼠标事件的使用。

习　　题

1. 简述委托的概念。
2. 简述事件的概念。
3. 常见的鼠标事件和键盘事件有哪些？它们分别由哪个类提供事件处理程序所需要的数据？
4. 简述 KeyPress 事件与 KeyDown 事件、KeyUp 事件的主要不同点。
5. MouseButtons 枚举主要有哪些成员？分别表示什么？
6. 设计一个小游戏，程序启动后，一个笑脸显示在窗体上，当用户试图用鼠标捕捉笑脸时总不能成功，但使用鼠标右键双击窗体后，笑脸不再移动。双击，游戏重新开始。
7. 设计一个键盘事件应用程序，程序启动后，当用户按【Ctrl+Alt+F8】键时，屏幕上显示"正在结束程序……"，并显示倒计时数字，5s 后程序自动结束。

第 8 章 Windows 相关控件

本章介绍 Windows 窗体风格中常见的菜单、工具栏、状态栏与对话框控件等。

学习目标

- 掌握 MenuStrip 菜单控件的使用方法；
- 掌握 ToolStrip 工具栏控件的使用方法；
- 掌握 StatusStrip 状态栏控件的使用方法；
- 掌握消息框、FontDialog 字体对话框控件、OpenFileDialog 打开文件对话框控件的使用方法。

8.1 菜 单

菜单是 Windwos 应用程序中最常用的控件之一，它可以以分组的形式将命令或操作组织在一起。

8.1.1 下拉菜单

下拉菜单位于应用程序窗口顶部的菜单栏中，菜单栏中的标题叫做菜单标题或主菜单项，单击菜单标题将打开下拉菜单，下拉菜单中的标题叫做菜单项或菜单命令。

可以使用 MenuStrip 控件创建下拉菜单。

任务 1 菜 单 演 示

任务描述

创建一个窗体，向其中添加菜单栏，其中包括"窗体大小"和"背景颜色"两个菜单标题项。各菜单标题项下包含的菜单项如图 8-1 所示。要求：执行菜单命令，可以实现菜单文本所标识的功能；并且为"背景颜色"菜单中的菜单命令指定图 8-1 所示的快捷键。

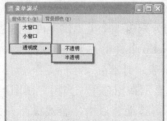 

图 8-1 菜单演示

任务实施

1. 创建项目和窗体

（1）创建一个"Windows 应用程序"项目。

（2）使用 MenuStrip 控件创建菜单。

在工具箱中双击 MenuStrip 控件，可将其添加到应用程序中，如图 8-2 所示。由于 MenuStrip 控件本身在运行时并不直接显示，所以显示在窗体设计器窗口下方的窗格中。

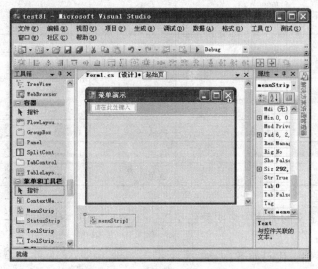

图 8-2　在窗体中创建菜单

双击窗体菜单栏中的"请在此处键入"，在其中输入第一个菜单标题的名称"窗体大小"后，会在该菜单的右侧和下方分别显示进一步的提示，右侧为下一个菜单标题，下方为第一个菜单标题的第一个菜单项，其右侧是该菜单的子菜单项，如图 8-3 所示。根据提示，可以很方便地完成菜单标题、菜单项和子菜单项的设置。

（3）指定分隔线。

如果将某个菜单项的 Text 属性设置为"-"，该菜单项就会显示为一个分隔线。可以在"透明度"菜单项的下方，输入一个"-"，然后将"透明度"菜单项拖动到分隔线的下方，如图 8-4 所示。

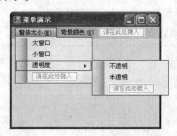 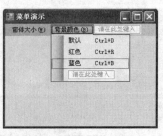 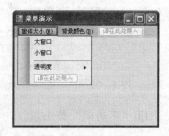

　　　图 8-3　添加菜单标题　　　　　　　　　　　　　图 8-4　添加分隔线

（4）菜单项属性的设置。

在菜单设计器中依次输入各菜单标题及菜单项的文本，其属性设置如表 8-1 所示。

表 8-1 菜单项的属性

对象	Name 属性	Text 属性	ShortcutKeys 属性	说明
窗体大小 ToolStripMenuItem	menuW	窗体大小（&W）		"窗口大小"菜单标题项
大窗口 ToolStripMenuItem	menuMax	大窗口		菜单项
小窗口 ToolStripMenuItem	menuMin	小窗口		菜单项
toolStripMenuItem1	menuW_	-		分隔线
透明度 ToolStripMenuItem	menuO	透明度		菜单项
不透明 ToolStripMenuItem	menuOO	不透明		子菜单项
半透明 ToolStripMenuItem	menuOH	半透明		子菜单项
背景颜色 ToolStripMenuItem	menuColor	背景颜色（&B）		"背景颜色"菜单标题项
默认 ToolStripMenuItem	menuD	默认	Ctrl+D	菜单项
红色 ToolStripMenuItem	menuR	红色	Ctrl+R	菜单项
蓝色 ToolStripMenuItem	menuB	蓝色	Ctrl+B	菜单项

2. 代码的编写

（1）在 Form1 类定义的类体中声明颜色（Color）类型字段，代码如下：

```csharp
Color bgColor;
```

（2）窗体 Load 事件，代码如下：

```csharp
private void Form1_Load(object sender, EventArgs e)
{
    bgColor=this.BackColor;  //保存默认颜色
}
```

（3）各菜单项的 Click 事件代码如下：

① "大窗口"菜单项：

```csharp
private void menuMax_Click(object sender, EventArgs e)
{
    this.Width=800;
    this.Height=600;
}
```

② "小窗口"菜单项：

```csharp
private void menuMin_Click(object sender, EventArgs e)
{
    this.Width=400;
    this.Height=300;
}
```

③ "不透明"菜单项：

```csharp
private void menuOO_Click(object sender, EventArgs e)
{
    this.Opacity=1;              //设置不透明度为 100%
}
```

④ "半透明"菜单项:
```csharp
private void menuOH_Click(object sender, EventArgs e)
{
    this.Opacity=0.5;              //设置不透明度为50%
}
```
⑤ "默认"菜单项:
```csharp
private void menuD_Click(object sender, EventArgs e)
{
    this.BackColor=bgColor;        //设置背景颜色为默认颜色
}
```
⑥ "红色"菜单项:
```csharp
private void menuR_Click(object sender, EventArgs e)
{
    this.BackColor=Color.Red;      //设置背景颜色为红色
}
```
⑦ "蓝色"菜单项:
```csharp
private void menuB_Click(object sender, EventArgs e)
{
    this.BackColor=Color.Blue;     //设置背景颜色为蓝色
}
```

3. 程序的运行

按【F5】键运行该应用程序,选择"窗体大小"菜单下的"大窗口"和"小窗口"命令,观察窗体大小的变化;选择"透明度"子菜单中的"不透明"和"半透明"命令,对比窗体的显示效果。

选择"背景颜色"菜单下的"红色"、"蓝色"、"默认"命令,观察窗体背景颜色。使用各个快捷键,观察命令的执行情况。

分别按【Alt+W】和【Alt+B】组合键,打开对应的下拉菜单,运行结果参考图8-1。

相关知识

1. 编辑、删除菜单成员

在设计窗口中,如果要移动一个菜单项,可单击该菜单项并用鼠标左键将其拖动到一个新位置即可。如果要删除一个菜单项,选中以后,右击,在弹出的快捷菜单中选择"删除"命令,或者选中菜单项后,按【Delete】键。如果要编辑一个菜单项,在选中菜单项后,再次单击该菜单项的名称,即可进入编辑状态;也可以在选中菜单项后,在"属性"窗口中,设置菜单项的属性。

2. 设置下拉菜单的属性

有些菜单的属性在菜单设计中是比较重要的,下面进行简单的介绍。

(1) 禁用菜单项。

Enabled属性(值为True/False)控制菜单项的启用与禁用。创建菜单项时,默认为启用状态。禁用菜单项时,菜单项呈灰色显示。可以在设计时,在"属性"窗口中设置该属性的值,也可以在程序代码中进行设置。

（2）隐藏菜单项。

Visible 属性（值为 True/False）控制菜单项的显示与隐藏。创建菜单项时，默认为可见状态。其属性值可在设计时设定，也可在程序代码中设定。

（3）添加已选择标记。

Checked 属性（值为 True/False）控制菜单项是否被选中。选中的菜单项，可以在其名称左侧加上选择标记"√"，其属性值可在设计时设定，也可以在程序代码中设定。

与 Checked 属性相关的还有 CheckOnClick 属性与 CheckState 属性。

CheckOnClick 属性值为 True 时，多次单击菜单项，可以自动切换选择与取消选择状态。

CheckState 属性值为"Unchecked"表示未选择状态；"Checked"表示以"√"形式标记选择（复选）；"Indeterminate"表示以"◆"形式标记选择（单选）。

（4）指定快捷键。

对于标题菜单项，其快捷键设定通过其 Text 属性完成。只需要在某个字母前输入一个"&"符号，就可以把该字母作为该标题菜单项的快捷键。本任务中将第一个标题菜单项的 Text 属性设置为"窗口大小（&W）"，在运行时，就显示为"窗口大小（W）"，用户只需要按【Alt+W】组合键就可以选择该菜单项，并打开该下拉菜单。

对于一般菜单项，其快捷键设定通过其 ShortcutKeys 属性完成。选中菜单项后，单击该属性右侧的下拉按钮，在其中设置菜单项的组合快捷键。在本任务中，将"红色"背景颜色的快捷键设置为组合键【Ctrl+R】，程序运行时，用户只要按该组合键（相当于单击该菜单项），就可以执行该菜单项的 Click 事件代码，将背景颜色设为红色。

8.1.2 快捷菜单

快捷菜单又称为弹出式菜单、右键菜单或上下文菜单。用户右击后，系统会根据右击的位置，动态地调整菜单项的显示位置。

可以使用 ContextMenuStrip 控件制作快捷菜单。

任务 2　扩展菜单演示

任务描述

为任务 1 中创建的菜单窗体，添加快捷菜单，启动程序后的界面参考图 8-5。用户在窗体上右击，弹出图 8-5 所示的快捷菜单，选择其中的命令，可以改变背景颜色，所选菜单项以"◆"标记，再次选择该命令，恢复默认颜色。

任务实施

1. 创建项目和窗体

（1）打开任务 1 中的项目，向窗体中添加 1 个 ContextMenuStrip 控件，设置快捷菜单中的命令文本，如图 8-5 所示。

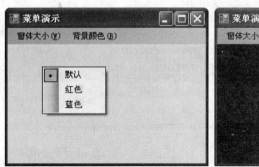 

图 8-5 添加快捷菜单

（2）设置属性。

各菜单命令的属性设置如表 8-2 所示。

表 8-2 快捷菜单项属性

对　　象	Name 属性	Text 属性	Checked 属性	CheckState 属性	CheckOnClick 属性
默认 ToolStripMenuItem	cMenuD	默认	True	Intermediate	True
红色 ToolStripMenuItem	menuR	红色	False	Unchecked	True
蓝色 ToolStripMenuItem	menuB	蓝色	False	Unchecked	True

（3）设置窗体与快捷菜单的关联。

选中窗体，在其"属性"窗口中，将"ContextMenuStrip"属性值设为新添加的快捷菜单控件"contextMenuStrip1"。

2. 代码的编写

（1）快捷菜单中"默认"菜单项的 Click 事件代码如下：

```
private void cMenuD_Click(object sender, EventArgs e)
{
    if(cMenuD.Checked)
    {
        menuD_Click(sender, e);    //调用相应的主菜单项Click事件代码
        //其他快捷菜单项标记为未选择
        cMenuR.Checked=cMenuB.Checked=false;
        cMenuD.CheckState=CheckState.Indeterminate;    //标记为◆
    }
    else
    {
        cMenuD.CheckState=CheckState.Indeterminate;
        menuD_Click(sender, e);
    }
}
```

（2）快捷菜单中"红色"命令的 Click 事件代码如下：

```
private void cMenuR_Click(object sender, EventArgs e)
{
    if(cMenuR.Checked)
```

```
        {
            menuR_Click(sender, e);
            cMenuR.CheckState=CheckState.Indeterminate;
            cMenuD.Checked=cMenuB.Checked=false;
        }
        else
        {
            cMenuD.CheckState=CheckState.Indeterminate;
            menuD_Click(sender, e);
        }
}
```

（3）快捷菜单中"蓝色"菜单项的 Click 事件代码如下：

```
private void cMenuB_Click(object sender, EventArgs e)
{
    if(cMenuB.Checked)
    {
        menuB_Click(sender, e);
        cMenuB.CheckState=CheckState.Indeterminate;
        cMenuD.Checked=cMenuR.Checked=false;
    }
    else
    {
        cMenuD.CheckState=CheckState.Indeterminate;
        menuD_Click(sender, e);
    }
}
```

（4）修改菜单栏中"背景颜色"菜单下的对应菜单项，以便在选择某个主菜单中的菜单项后，其他菜单项在快捷菜单中不再是选中状态。修改"背景颜色"菜单中"默认"菜单项的 Click 事件代码如下：

```
private void menuD_Click(object sender, EventArgs e)
{
    this.BackColor=bgColor;                        //设置背景颜色为默认颜色
    cMenuD.CheckState=CheckState.Indeterminate;    //快捷菜单中的"默认"标记为已选
    //快捷菜单中的其他菜单项标记为未选
    cMenuR.Checked=cMenuB.Checked=false;
}
```

（5）修改"背景颜色"菜单中"红色"菜单项的 Click 事件代码如下：

```
private void menuR_Click(object sender, EventArgs e)
{
    this.BackColor=Color.Red;                      //设置背景颜色为红色
    cMenuR.CheckState=CheckState.Indeterminate;
    cMenuD.Checked=cMenuB.Checked=false;
}
```

（6）修改"背景颜色"菜单中"蓝色"菜单项的 Click 事件代码如下：

```
private void menuR_Click(object sender, EventArgs e)
{
    this.BackColor=Color.Blue;                     //设置背景颜色为蓝色
    cMenuB.CheckState=CheckState.Indeterminate;
    cMenuD.Checked=cMenuR.Checked=false;
}
```

3. 程序的运行

按【F5】键运行该应用程序,在窗体中右击,弹出快捷菜单,选择其中的菜单项,能够达到与选择主菜单中菜单项一样的效果,在主菜单中选择某菜单项后,右键菜单中的"◆"标记也能体现出已选择。选择快捷菜单中的"红色"菜单项后,再次单击"红色"菜单项会返回到"默认"状态,运行结果参考图 8-6。

相关知识

快捷菜单的创建方法与下拉菜单类似,都是在提示文本"请在此处键入"处,进行菜单项的输入。菜单项的编辑、删除也与下拉菜单一样。

快捷菜单添加以后,如果不与窗体发生"关联",在程序运行时,右击是看不到快捷菜单的。用户必须在设计窗口中,选中窗体后,将"属性"窗口中窗体的"ContextMenuStrip"属性设置为要显示的快捷菜单对象,才能在该窗体上右击时,弹出对应的快捷菜单。

8.2 工 具 栏

工具栏使用户不必在各级菜单中搜寻所需的命令,给用户带来了比使用菜单更为快速的操作方法。通常将最常用的菜单命令做成工具按钮,放在工具栏中。

可以使用 ToolStrip 控件创建工具栏。

任务 3 添加工具栏

任务描述

为任务 2 中的窗体添加一个工具栏,其中包括用于设置窗口透明度和设置窗口大小的 3 个工具按钮。其中,窗口透明度按钮为下拉菜单形式,窗口大小按钮为按钮形式,在两组按钮之间添加一条分隔线。当用户单击工具栏中的某个按钮时,可以执行菜单中的相应命令,程序运行结果如图 8-6 所示。

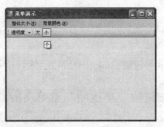

图 8-6 添加工具栏

任务实施

1. 创建项目和窗体

(1)打开任务 2 修改后的项目,向窗体中添加一个工具栏控件 toolStrip1,打开工具栏中的添加按钮下拉菜单,依次选择 1 个 SplitButton(下拉菜单式)按钮、1 条 Separator(分隔线)、2 个

Button 按钮，如图 8-7 所示。

图 8-7　添加工具栏

（2）设置属性。

各工具栏按钮的属性设置如表 8-3 所示。

表 8-3　工具栏按钮的属性设置

对象	Name 属性	Text 属性	DisplayStyle 属性
toolStripSplitButton1	btnO	透明度	Text
不透明 ToolStripMenuItem	btnOO	不透明	Text
半透明 ToolStripMenuItem	btnOH	不透明	Text
toolStripButton1	btnMax	大	Text
toolStripButton2	btnMin	小	Text
toolStripSeparator1			

设置完属性后，选中工具栏控件，右击，选择"置于底层"命令，让菜单栏位于工具栏的上方，界面如图 8-8 所示。

2. 代码的编写

双击工具栏中的某个按钮或按钮的菜单项，就可以对其添加 Click 事件代码：

（1）"透明度"按钮的"不透明"菜单项的 Click 事件代码如下：

```
private void btnOO_Click(object sender, EventArgs e)
{
    menuOO_Click(sender, e);   //调用主菜单中"不透明"菜单项的单击事件代码
}
```

图 8-8　修改属性后的界面

（2）"透明度"按钮的"半透明"菜单项的 Click 事件代码如下：

```
private void btnOH_Click(object sender, EventArgs e)
{
    menuOH_Click(sender, e);
}
```

（3）"大"按钮的 Click 事件代码如下：

```
private void btnMax_Click(object sender, EventArgs e)
{
    menuMax_Click(sender, e);
}
```

(4)"小"按钮的 Click 事件代码如下:
```
private void btnMin_Click(object sender, EventArgs e)
{
    menuMin_Click(sender, e);
}
```

3. 程序的运行

按【F5】键运行该应用程序,单击工具栏的按钮,执行相应的功能,运行结果参考图 8-6。

相关知识

1. 工具按钮的添加

工具栏按钮的添加方法有以下两种:

(1)选中 ToolStrip 工具栏控件后,在其"属性"窗口中,单击"Item"属性右侧的按钮,打开如图 8-9 所示的"项集合编辑器"对话框。

在"选择项并添加到以下列表"下拉列表框中可以选择按钮类型,单击"添加"按钮可向工具栏中添加工具按钮。在"成员"列表框中,选中已添加的工具按钮后,可单击×按钮删除。单击↑或↓按钮可以调整被选中的按钮在工具栏中的排列位置。

(2)添加工具栏按钮的快捷方法是,在设计窗口中,在工具栏添加按钮控件的下拉菜单中选择要添加的按钮,如图 8-10 所示。

图 8-9 "项集合编辑器"对话框

图 8-10 添加按钮下拉菜单

2. 工具按钮常用属性

ToolStripButton 的常用属性,如表 8-4 所示。

表 8-4 ToolStripButton 的常用属性

属性	说明
DisplayStyle	指定是否呈现图像和文本
Image	设置工具按钮显示的图像
Text	指定在按钮上显示的文本内容
ToolTipText	指定显示在 ToolTip 上的文本

8.3 状态栏

状态栏一般位于窗体的底部，是一个矩形区域，用来显示窗体中的一些有用信息，如当前打开文档的页数、光标位置等。

可以使用 StatusStrip 控件创建状态栏。

任务 4　添加状态栏

任务描述

为任务 3 中的窗体添加一个包含 3 个标签的状态栏，程序运行界面如图 8-11 所示。3 个标签分别显示窗口大小、窗口透明度和窗口颜色。

图 8-11　添加状态栏

任务实施

1. 创建项目和窗体

（1）打开任务 3 修改后的项目，向窗体中添加一个状态栏控件 statusStrip1，添加 3 个标签 toolStripStatusLabel1～toolStripLabel3，如图 8-12 所示。

（2）设置属性。

各工具栏标签的属性设置如表 8-5 所示。

图 8-12　添加状态栏

表 8-5　状态栏标签的属性设置

对象	Name 属性	Text 属性	BorderSides 属性
toolStripStatusLabel1	lblW	400×300 像素	All
toolStripStatusLabel2	lblO	不透明	All
toolStripStatusLabel3	lblC	默认颜色	All

设置完属性后，界面如图 8-13 所示。

2. 代码的编写

（1）修改"窗体大小"标题菜单中菜单项的 Click 事件代码。

①"大窗口"菜单项的 Click 事件代码如下：

```
private void menuMax_Click(object sender,EventArgs e)
```

```
{
    this.Width=800;this.Height=600;
    lblW.Text="800×600 像素";
}
```
② "小窗口"菜单项的 Click 事件代码如下:
```
private void menuMin_Click(object sender, EventArgs e)
{
    this.Width=400;this.Height=300;
    lblW.Text="400×300 像素";
}
```

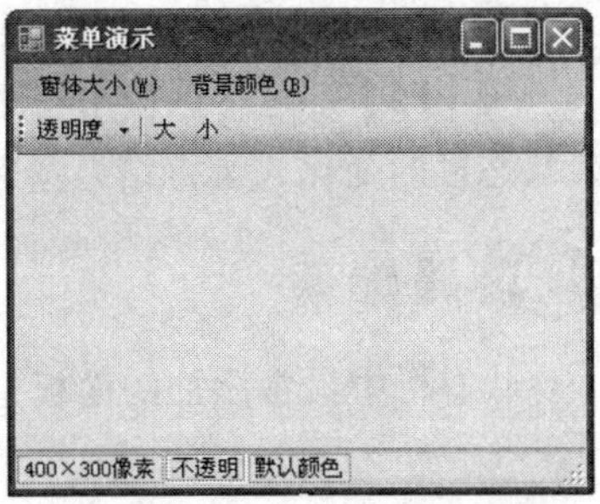

图 8-13 修改属性后的界面

(2) 修改"透明度"子菜单中子菜单项的 Click 事件代码。
① "不透明"子菜单项的 Click 事件代码如下:
```
private void menuOO_Click(object sender, EventArgs e)
{
    this.Opacity=1;              //设置不透明度为 100%
    lblO.Text="不透明";
}
```
② "半透明"子菜单项的 Click 事件代码如下:
```
private void menuOH_Click(object sender, EventArgs e)
{
    this.Opacity=0.5;            //设置不透明度为 50%
    lblO.Text="半透明";
}
```
(3) 修改"背景颜色"标题菜单中菜单项的 Click 事件代码。
① "默认"菜单项的 Click 事件代码如下:
```
private void menuD_Click(object sender, EventArgs e)
{
    this.BackColor=bgColor;          //设置背景颜色为默认颜色
    cMenuD.CheckState=CheckState.Indeterminate;
    cMenuR.Checked=cMenuB.Checked = false;
    lblC.Text="默认颜色";
}
```
② "红色"菜单项的 Click 事件代码如下:
```
private void menuR_Click(object sender, EventArgs e)
{
    this.BackColor=Color.Red;        //设置背景颜色为红色
    cMenuR.CheckState=CheckState.Indeterminate;
    cMenuD.Checked=cMenuB.Checked = false;
    lblC.Text="红色";
}
```
③ "蓝色"菜单项的 Click 事件代码如下:
```
private void menuB_Click(object sender, EventArgs e)
{
    this.BackColor=Color.Blue;       //设置背景颜色为蓝色
    cMenuB.CheckState=CheckState.Indeterminate;
    cMenuD.Checked=cMenuR.Checked = false;
    lblC.Text="蓝色";
}
```

3. 程序的运行

按【F5】键运行该应用程序，选择菜单中的命令或单击工具栏的按钮，执行相应的功能，观察状态栏的变化，运行结果参考图 8-11。

相关知识

状态栏中最常添加的面板是 StatusLabel（标签面板），常用属性如表 8-6 所示。

表 8-6 ToolStripStatus 常用属性

属性	说明	属性	说明
AutoSize	指定是否自动根据内容调整大小	Text	设定面板的显示文本
BorderSides	指定面板边框的显示	Width	设定面板边框的宽度
BorderStyle	设定面板的边框样式		

8.4 对 话 框

对话框供用户进行一些参数的设定，使程序能够按照用户的设置进行特定的操作。

对话框可以分为模式对话框和非模式对话框两种。

模式对话框是指用户只能在当前的对话框窗体上进行操作，该窗体关闭之前不能切换到程序的其他窗体，如很多程序都有的"打开"对话框就是一种模式对话框。

模式对话框的显示通过窗体的 ShowDialog() 方法实现，以下代码可以实现窗体 Form2 的模式显示：

```
Form2 frm2=new Form2();
frm2.ShowDialog();
```

非模式对话框是指当前所操作的对话框窗体可以与程序的其他窗体切换，如 Word 程序中的"查找和替换"对话框就是一种非模式对话框。

使用窗体的 Show() 方法实现非模式对话框的显示，通常情况下，窗体的显示为非模式显示，如非模式显示窗体 Form2 的代码如下：

```
Form2 frm2=new Form2();
frm2.Show();
```

任务 5　添加对话框

任务描述

为任务 4 中的窗体，添加 1 个标签框、1 个菜单标题"文件"、2 个工具按钮"字体"和"消息"，其中"文件"菜单中包含"打开"与"退出"菜单项。要求：选择"打开"命令，打开"打开"对话框，该对话框一次允许打开一个文件，单击"打开"按钮，将使用选定文件的默认关联程序打开文件，窗口标签框中显示该文件的完整路径及文件名；单击"字体"按钮，将打开"字体"对话框，单击对话框中的"确定"按钮，将设置应用于窗口中显示的文本内容，单击"应用"按钮，在不退出对话框的情况下，将设置应用于窗口中显示的文本内容；单击"消息"按钮，将显示一个消息对话框；选择"退出"命令，关闭程序，程序运行结果如图 8-14 所示。

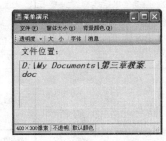
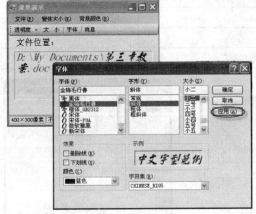

图 8-14 添加对话框

任务实施

1. 创建项目和窗体

打开任务 3 修改后的项目，向窗体中添加 1 个标签框、1 个标题菜单、2 个工具按钮，添加 1 个打开文件对话框控件 openFileDialog1、1 个字体对话框控件 fontDialog1，属性设置如表 8-7 所示，界面如图 8-15 所示。添加 3 个标签 toolStripLabel1～toolStripLabel3，参考图 8-12。

表 8-7 窗体新增控件属性

对象类型	对象名	属性	值
菜单项	打开 ToolStripMenuItem	Name	menuOpen
		Text	打开
	退出 ToolStripMenuItem	Name	menuQuit
		Text	退出
工具按钮	toolStripSeparator2		
	toolStripSeparator3		
	toolStripButton1	Name	btnFont
		Text	字体
		DisplayStyle	Text

续表

对象类型	对象名	属 性	值
工具按钮	toolStripButton2	Name	btnMessage
		Text	消息
		DisplayStyle	Text
标签框	label1	Text	
		AutoSize	False
		BorderStyle	Fixed3D
	label2	Text	文件位置:
打开对话框	openFileDialog1	Name	openDialog1
字体对话框	fontDialog1	ShowApply	True
		ShowColor	True

2. 代码的编写

（1）在程序代码的开始处，添加命名空间的引用，代码如下：

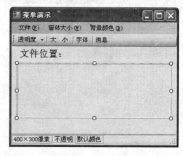

图8-15 窗体布局

using System.Diagnostics;

（2）"打开"菜单项的Click事件代码如下：

```
private void menuOpen_Click(object sender, EventArgs e)
{
    openDialog1.Filter="Word 文档|*.doc|图像文件|*.jpg;*.bmp;*.gif";
    openDialog1.Multiselect=false;   //一次只能打开一个文件
    if(openDialog1.ShowDialog()==DialogResult.OK)
                            //如果单击打开对话框中的"打开"按钮
    {
        label1.Text=openDialog1.FileNames[0];   //输出文件路径与文件名
        Process.Start(openDialog1.FileNames[0]);//打开对话框中选定的文件
    }
}
```

（3）"退出"菜单项的Click事件代码如下：

```
private void menuQuit_Click(object sender, EventArgs e)
{
    this.Close();
}
```

（4）"字体"按钮的Click事件代码如下：

```
private void btnFont_Click(object sender, EventArgs e)
{   //标签框的字体与颜色属性传递给"字体"对话框
    fontDialog1.Font=label1.Font;
    fontDialog1.Color=label1.ForeColor;
    if(fontDialog1.ShowDialog()==DialogResult.OK)
                            //如果单击"字体"对话框的"确定"按钮
    {   //将字体与颜色设置应用于标签框
        label1.Font=fontDialog1.Font;
        label1.ForeColor=fontDialog1.Color;
```

　　　　}
　　}
（5）在设计窗口中，选择字体对话框控件 fontDialog1，为其添加 Apply 事件代码（对话框中"应用"按钮的事件代码）如下：

```
private void fontDialog1_Apply(object sender, EventArgs e)
{   //将字体与颜色设置应用于标签框
    label1.Font=fontDialog1.Font;
    label1.ForeColor=fontDialog1.Color;
}
```

（6）"字体"按钮的 Click 事件代码如下：

```
private void btnMessage_Click(object sender, EventArgs e)
{
    MessageBox.Show("这是一个带图标的信息提示","消息框",
            MessageBoxButtons.OK, MessageBoxIcon.Information);
}
```

3. 程序的运行

按【F5】键运行该应用程序，选择"文件"菜单中的"打开"命令，在弹出的"打开"对话框中选择要打开的文件，然后单击工具栏中的"字体"按钮，设置标签框中显示的文件路径信息的字体和颜色，最后选择"文件"菜单中的"退出"命令结束程序，运行结果参考图 8-14。

相关知识

1. 消息框

消息框一般用于程序运行过程中向用户提供信息。C#中通过 MessageBox 类实现消息框的定义。MessageBox 类提供了静态方法 Show()，用来显示消息框，该方法与一般窗体的 Show()方法的不同之处是，它使用模式对话框来显示消息框窗体。

Show()方法有多种重载，可以仅在参数中定义消息内容，可以指定消息和消息的标题框，可以包含消息、消息标题框和按钮，还可以在前者基础上加上图标。

含有 4 个参数的 Show()方法定义格式如下：

MeesagBox.Show(字符串类型的消息内容,字符串类型的标题,消息框按钮类型,图标类型);

"字符串类型的消息内容"用于描述消息框要显示的文本；"字符串类型的标题"用于描述消息框显示时的标题；"消息框按钮类型"用于描述消息框中所含按钮的类型；"图标类型"用于描述消息框中的图标类型。

消息框按钮类型的值必须是 MessageBoxButtons（消息框按钮）枚举类型中的一个值，MessageBoxButtons 枚举的成员如表 8-8 所示。

表 8-8　MessageBoxButtons 枚举成员

成员名称	说　　明
AbortRetryIgnore	消息框包含"中止"、"忽略"和"重试"3 个按钮
OK	消息框包含"确定"按钮
OKCancel	消息框包含"确定"和"取消"两个按钮
RetryCancel	消息框包含"重试"和"取消"两个按钮

续表

成员名称	说明
YesNo	消息框包含"是"和"否"两个按钮
YesNoCancel	消息框包含"是"、"否"和"取消"3个按钮

消息框中图标类型的值必须是 MessageBoxIcon（消息框图标）枚举类型中的一个值，MessageBoxIcon 枚举的成员，如表 8-9 所示。

表 8-9　MessageBoxIcon 枚举成员

成员名称	说明
None	消息框未包含符号
Hand	该消息框包含一个符号，该符号是由一个红色背景的圆圈及其中的白色 X 组成的
Exclamation	该消息框包含一个符号，该符号是由一个黄色背景的三角形及其中的一个感叹号组成的
Asterisk	该消息框包含一个符号，该符号是由一个圆圈及其中的小写字母 i 组成的
Stop	该消息框包含一个符号，该符号是由一个红色背景的圆圈及其中的白色 X 组成的
Error	该消息框包含一个符号，该符号是由一个红色背景的圆圈及其中的白色 X 组成的
Warning	该消息框包含一个符号，该符号是由一个黄色背景的三角形及其中的一个感叹号组成的
Information	该消息框包含一个符号，该符号是由一个圆圈及其中的小写字母 i 组成的

2．字体对话框

双击工具箱中的 FontDialog（字体对话框）控件，将其添加到应用程序中。

该控件最常用的两个属性是 Font（字体）和 Color（颜色）。利用这两个属性，既可以将程序中某个控件的字体和颜色信息传递给 FontDialog，也可以将 FontDialog 的设置信息传递给应用程序的其他控件。要字体对话框显示颜色选项，必须让对话框控件的 ShowColor 属性为 True。

单击字体对话框中的"应用"按钮，激活 Apply 事件，可以在不退出对话框的情况下，用于设置窗体中其他控件的字体相关属性。要字体对话框显示"应用"按钮，控件的 ShowApply 属性必须为 True。

FontDialog 的 ShowDialog()方法用于显示对话框。该方法的调用常被放在条件语句的条件表达式中，以根据用户是否单击"确定"按钮来决定要执行的操作。如本任务中的以下代码：

```
if (fontDialog1.ShowDialog()==DialogResult.OK)
                                    //如果单击字体对话框的"确定"按钮
{   //将字体与颜色设置应用于标签框
    label1.Font=fontDialog1.Font;
    label1.ForeColor=fontDialog1.Color;
}
```

3．打开文件对话框

双击工具箱中的 OpenFileDialog（打开文件对话框）控件，将其添加到应用程序中。

下面简单介绍该控件常用的属性。

- FileName 属性：该属性用于保存对话框中选择的所有文件的文件名(含绝对路径)。FileName 是一个字符串类型的数组，该属性为只读。

- Multiselect 属性：该属性用于控制是否能对文件进行多选。其值为 bool 型，True 表示可多选，False 表示一次只能选一个文件。
- Filter 属性：该属性是一个文件筛选器，根据该属性值的设置，可决定在对话框的"文件类型"下拉列表框中列出哪些类型的文件。本任务中的下面这条语句：

openDialog1.Filter="Word 文档|*.doc|图像文件|*.jpg;*.bmp;*.gif";

语句中第一个"|"运算符左侧的"Word 文档"将显示在对话框的"文件类型"下拉列表框中；第一个"|"运算符右侧的"*.doc"决定文件选择列表中能够显示的文件类型，如图 8-16 所示。某一类型的文件可能包含不止一个文件扩展名，如上面语句中的"图像文件"，这时各个文件类型之间要用分号隔开。

图 8-16 "打开"对话框中文件类型的选择

本 章 小 结

本章对 Windows 应用程序中大量使用的菜单控件、工具栏控件、状态栏控件和对话框控件进行了详细的介绍。

习 题

1. Windows 应用程序的菜单通常由哪些部分组成？
2. 在 C#中设计菜单使用哪两种控件？并简述设计步骤。
3. 简述工具栏的创建步骤。
4. 简述使工具栏与菜单共享代码的方法。
5. 工具栏中的按钮 ToolStripButton 的常用属性有哪些？作用如何？
6. 简述模式对话框与非模式对话框的区别。
7. 使用消息框时，可以对消息框的哪些方面进行设置？
8. 创建一个类似于记事本的 Windows 应用程序。
9. 创建一个 Windows 应用程序，要求可以通过工具栏中的按钮，改变标签中的文字。

第 9 章 使用 ADO.NET 进行数据库编程

本章以一个简单的访问数据库的 Windows 应用程序为例，向读者介绍 ADO.NET 框架的结构，C#数据库访问的常用方法，以及相关数据库访问对象和控件的常用属性和方法。

学习目标

- 掌握数据库和数据表的创建、修改、删除等操作；
- 掌握 C#中访问数据库的基本方法；
- 了解 ADO.NET 的基本体系结构；
- 掌握多窗体 WinForm 应用程序的编写。

9.1 概 述

微软公司推出的 ADO.NET 是 Microsoft.NET Framework 的核心组件，其目的是从数据操作中分解出数据访问，该任务可以由 ADO.NET 的两个核心组件——DataSet（数据集）和.NET Framework（数据提供程序）完成，后者是一组包括 Connection、Command、DataReader 和 DataAdapter 对象在内的组件。.NET Framework 负责与物理数据源的连接，DataSet 代表实际的数据。ADO.NET 结构图如图 9-1 所示。

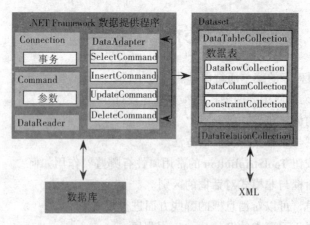

图 9-1 ADO.NET 结构图

.NET 数据提供程序用于连接到数据库，执行命令和查询结果，它为程序开发者处理不同类型的数据库系统提供了不同的程序类，如表 9-1 所示。

表 9-1 .NET 数据提供程序分类

数据提供程序	命令空间	说明
SQL Server .NET 数据提供程序	System.Data.SqlClient	提供对 SQL Server 7.0 以上的数据库进行访问
OLE DB .NET 数据提供程序	System.Data.OleDb	提供对早期 SQL Server 及 Sybase、Oracle、DB2 和 Access 的访问
ODBC .NET 数据提供程序	System.Data.Odbc	提供对 ODBC 数据源的数据访问
Oracle .NET 数据提供程序	System.Data.OracleClient	提供对 Oracle 数据源的数据访问

SQL Server 数据提供程序包含的程序类如表 9-2 所示。

表 9-2 SQL Server .NET 数据提供程序包含的程序类

命名空间	类	说明
System.Data.SqlClient	SqlConnection	建立与 SQL Server 数据源的连接
	SqlCommand	对 SQL Server 数据源执行命令
	SqlDataReader	从 SQL Server 数据源中读取只进且只读的数据
	SqlDataAdapter	用 SQL Server 数据源填充 DataSet 并解析更新

9.1.1 项目概述

本章要完成一个简单的多窗体数据库应用程序——电影荐评系统（FSS 项目）。该系统要向登录的用户提供如下功能：

① 搜索电影，用户可以输入电影名称关键字，查看系统中包含相应关键字的电影的介绍。
② 评价电影，用户可以对感兴趣的或者看过的电影，给出自己的评分和评论。
③ 推荐电影，向当前登录用户推荐他没看过（没评价过）、其他用户评分高的电影。

"电影荐评系统"流程图如图 9-2 所示。

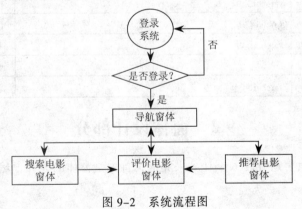

图 9-2 系统流程图

9.1.2 数据库设计

要完成对电影和电影评价的保存，还需要记录登录的用户信息，这个简单的系统需要 3 张数据表来完成数据的保存。下面简单介绍系统的表结构。

1. filmintro（电影介绍表）

filmintro 表用于保存系统所有的电影信息，该表的结构如表 9-3 所示。

表 9-3 filmintro 电影介绍表

字段名	数据类型	主键	描述
fno	varchar(20)	是	电影编号
fname	varchar(30)	否	电影名称
fdirector	varchar(30)	否	导演
fstars	varchar(60)	否	主演
fintro	varchar(max)	否	电影介绍

2. users（用户表）

users 表用于保存系统所有的用户信息，该表的结构如表 9-4 所示。

表 9-4 users 用户表

字段名	数据类型	主键	描述
uid	varchar(30)	是	用户账号
uage	varchar(6)	否	用户年龄
ugender	varchar(2)	否	用户性别
uemail	varchar(50)	否	电子邮件
ucode	varchar(100)	否	用户密码

3. scores（评价表）

scores 表用于保存系统所有的评价信息，该表的结构如表 9-5 所示。

表 9-5 scores 评价表

字段名	数据类型	主键	描述
sno	int	是	评价编号，设置为标识字段
fname	varchar(30)	否	电影名称
fno	varchar(20)	否	电影编号
uid	varchar(30)	否	评价账号
score	int	否	评分，1～10 之间的整数值
comment	varchar(400)	否	评论

9.2 窗体设计部分

整个 FSS 项目，主要划分成 6 个任务来完成，首先是窗体的设计，然后是各个窗体代码的完成。

任务 1 各窗体的设计

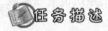
任务描述

完成对"电影荐评系统"窗体的绘制，该系统包含 5 个基本窗体，分别是系统登录窗体、导航窗体、搜索电影窗体、评价电影窗体及推荐电影窗体。

任务实施

1. 在 Visual Studio 中建立 WinForm 项目

（1）设置 Visual Studio 的开发语言环境。初次打开 Visual Studio 2005 软件，如果开发语言不是 C#，那么选择菜单栏中的"工具"|"导入和导出设置"命令，如图 9-3 所示，即打开"导入和导出设置向导"对话框，选中"重置所有设置"单选按钮，如图 9-4 所示，单击"下一步"按钮。

打开"保存当前设置"对话框，选中"否，仅重置设置，从而改写我的当前设置"单选按钮，如图 9-5 所示，单击"下一步"按钮。

在打开的"选择一个默认设置集合"对话框中，在"要重置为哪个设置集合"列表框中，选择"Visual C# 开发设置"选项，如图 9-6 所示。单击"完成"按钮，系统重置后，打开向导的"重置完成"对话框，如图 9-7 所示，单击"关闭"按钮，完成设置。

图 9-3 重置默认环境

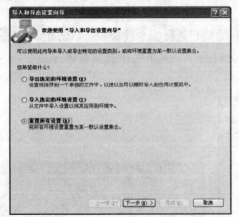

图 9-4 重置所有设置

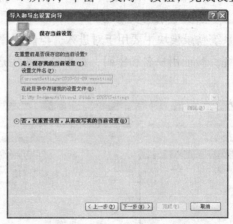

图 9-5 保存当前设置

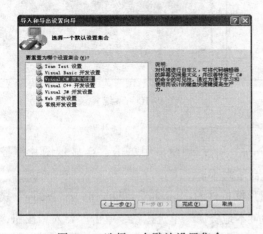

图 9-6 选择一个默认设置集合

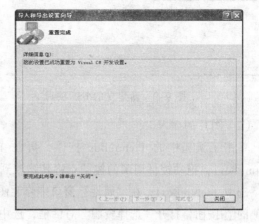

图 9-7 重置完成

（2）新建 FSS 项目。选择"文件"|"新建"|"项目"命令，打开"新建项目"对话框，在"模板"列表框中选择"Windows 应用程序"，在"名称"文本框中输入本项目的名称"FSS"，在

"位置"下拉列表框中设置项目的保存路径,单击"确定"按钮完成项目创建,如图 9-8 所示。

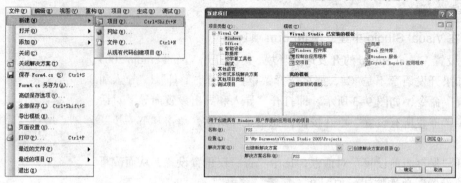

图 9-8　新建项目

建立项目后的 Visual Studio 界面,如图 9-9 所示。

2．系统登录窗体模块

(1)系统登录模块概述。

系统登录模块主要用于对进入"电影荐评系统"的用户进行安全性检查,以防止非法用户登录系统。验证用户名和密码,如果是合法用户,则允许登录。系统登录模块窗体布局如图 9-10 所示。

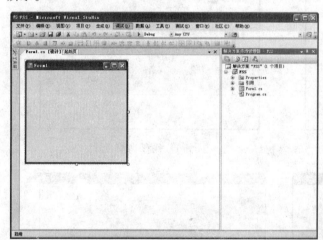

图 9-9　新建立的 FSS 项目　　　　　　图 9-10　系统登录窗体布局

(2)图片的插入。

单击工具箱中的 PictureBox 控件,再在 Form1.cs[设计]窗口中单击,会显示图片框控件 pictureBox1,拖动控件周围的控制点将其缩放到合适大小。

选中 pictureBox1,在"属性"窗口中修改图片框控件的"Image"属性,单击"Image"属性右侧的 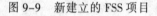 按钮,打开"选择资源"对话框,选中"本地资源"单选按钮,单击"导入"按钮,在打开的"打开"对话框中,找到要插入图片框的图片文件,单击"确定"按钮完成图片插入,如图 9-11 所示。

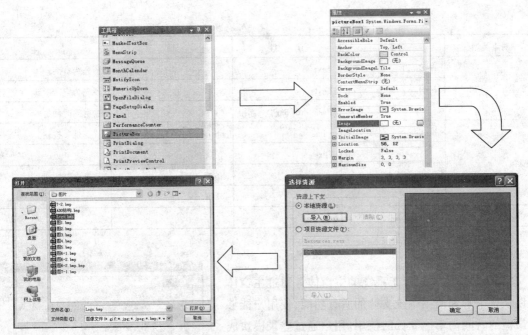

图 9-11 图片框插入图片的过程

调整图片框控件大小及位置，让登录窗体的图片 Logo 位于窗体正中间如图 9-12 所示。

图 9-12 插入图片的登录窗体

（3）添加其他控件。

该窗体用到的主要控件及其属性设置如表 9-6 所示。

表 9-6 登录窗体控件的属性值

对象类型	对象名	属 性	值	备 注
窗体	Form1	名称（name）	Frm1	
		Text	欢迎来到电影荐评系统！	
标签	label1	Text	用户名	显示"用户名"
		Font	黑体，12pt	字体大小根据情况而定
	label2	Text	密　码	显示"密码"

续表

对象类型	对象名	属性	值	备注
文本框	textBox1	Text		预先为空
	textBox2	Text		预先为空
		PasswordChar	*	输密码时回显*
按钮	btnLogin	name	btnLogin	"登录"按钮
		Text	登录	
	btnEnd	name	btnEnd	"退出"按钮
		Text	退出	
图片框	pictureBox1			

3. 导航窗体模块

（1）导航模块概述。

"导航"窗体，相当于系统的主窗体，通过主窗体可以快速了解和使用系统支持的所有功能，使用户能够在最短的时间内掌握软件的使用。用户通过登录模块成功登录系统后，会进入系统的导航窗体，其界面布局如图 9-13 所示。

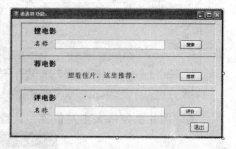

图 9-13　导航窗体界面布局

（2）添加新的窗体。

在新建的项目中，默认只有一个窗体文件，如果要多个窗体在一个项目中，就需要用户自己添加窗体。

打开"解决方案资源管理器"窗口，选中项目名称后，右击，在弹出的快捷菜单中选择"添加"|"Windows 窗体"命令，在弹出的"添加选项"对话框的"名称"文本框中输入要添加的窗体名称，默认是 Form2,Form3,…，如图 9-14 所示。

图 9-14　添加窗体

（3）添加控件。

该窗体用到的主要控件及其属性设置如表 9-7 所示。

表 9-7 导航窗体的控件属性值

对象类型	对象名	属性	值	备注
窗体	Form2	名称（name）	Frm2	
		Text	请选择功能：	
标签	label1	Text	搜电影	
	label2	Text	名称	
	label3	Text	荐电影	
	label4	Text	想看佳片，这里推荐。	
	label5	Text	评电影	
	label6	Text	名称	
文本框	textBox1	Text		预先为空
	textBox2	Text		预先为空
按钮	button1	Text	搜索	
	button2	Text	推荐	
	button3	Text	评价	
	btnEnd	Text	退出	

4．搜索电影窗体模块

（1）搜索电影模块概述。

搜索电影窗体，能够根据用户在导航窗体"搜电影"选项组中的"名称"文本框中输入的关键字，在数据库的电影介绍表中搜索电影名称中含有该关键字的电影，并显示在窗体对应的控件中，搜索电影窗体界面布局如图 9-15 所示。

（2）窗体的分区。

从前面两个窗体可以看出，系统窗体中都有明显的"分区"，该窗体模块使用 Panel 控件对窗体分区。

从工具箱中拖入 Panel 控件，如图 9-16 所示。

图 9-15 搜索电影窗体界面布局

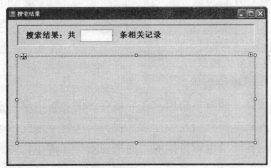

图 9-16 窗体的分区

每个 Panel 控件就好比一个容器，在窗体上添加 Panel 控件后，再在其上拖出其他控件，这样无论是调整 Panel 控件的位置，还是删除 Panel 控件，Panel 控件中的其他控件也能够一起变化或一起被删除。

这里将 Panel 控件的 BorderStyle 属性设置为 Fixed3D 效果,有层次凹凸感。

（3）添加控件。

该窗体用到的主要控件及其属性设置如表 9-8 所示。

表 9-8 搜索电影窗体控件的属性值

对象类型	对象名	属 性	值	备 注
窗体	Form3	名称（name）	Frm3	
		Text	搜索结果	
面板	panel1	BorderStyle	Fixed3D	将窗体分隔为两个区
	panel2	BorderStyle	Fixed3D	
标签	label1	Text	搜索结果：共	
	label2	Text	条相关记录	
	label3	Text	影片名称：	
	label4	Text	导演：	
	label5	Text	主要演员：	
	label6	Text	主要剧情：	
文本框	textBox1	Text		记录数
	textBox2	Text		影片名称
	textBox3	Text		显示导演
	textBox4	Text		主要演员
	textBox5	Text		主要剧情
		Multiline	True	自动分行
		ScrollBars	Vertical	垂直滚动条
按钮	button1	Text	第一条	
	button2	Text	上一条	
	button3	Text	下一条	
	button4	Text	最末条	
	btnScore	Text	评价	
	btnBack	Text	返回	返回导航窗体
	btnEnd	Text	退出	

5．评价电影窗体模块

（1）评价电影模块概述。

评价电影窗体，能够根据用户在导航窗体的"评电影"选项组的"名称"文本框中输入的关键字，在数据库的电影介绍表中搜索，找到与关键字匹配的电影，如果存在，就把与该电影相关的所有评论显示在评价电影窗体的"网格视图"控件中，并允许用户插入、修改、删除相应的评论记录。

评价电影窗体也允许用户由搜索电影窗体或推荐电影窗体跳转过来。

评价电影窗体界面布局如图 9-17 所示。

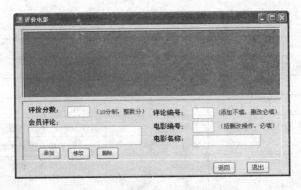

图 9-17 评价电影窗体界面布局

（2）添加 DataGridView 控件。

在工具箱中的"数据"选项列中找到 DataGridView 控件，将其添加到窗体的 panel1 中，添加方法和其他控件一样，需要用户自己拖出合适的大小。

如果工具箱中没有该控件，可以选择其中的任何一个控件并右击，在弹出的快捷菜单中选择"选择项"命令，在弹出的"选择工具箱项"对话框中，选中要添加到工具箱中的工具，单击"确定"按钮即可将其添加到工具箱中，如图 9-18 所示，添加后的效果参考图 9-17。

 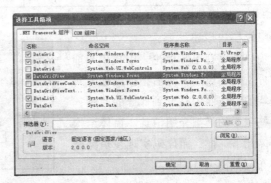

图 9-18 添加 DataGridView 控件到工具箱

（3）添加控件。

该窗体用到的主要控件及其属性设置如表 9-9 所示。

表 9-9 评价电影窗体控件的属性值

对象类型	对象名	属　性	值	备　注
窗体	Form4	名称（name）	Frm4	
		Text	评价电影	
面板	panel1	BorderStyle	Fixed3D	将窗体分隔为两个区
	panel2	BorderStyle	Fixed3D	
数据网格	dataGridView1			显示记录
标签	label1	Text	评论编号：	
	label2	Text	电影编号：	

续表

对象类型	对象名	属性	值	备注
标签	label3	Text	电影名称：	
	label4	Text	评价分数：	
	label5	Text	会员评论：	
	label6	Text	（5分制，整数分数）	
	label7	Text	（添加不填，删改必填）	
	label8	Text	（插删改操作，必填））	
文本框	textBox1	Text		评论编号
	textBox2	Text		电影编号
	textBox3	Text		电影名称
	textBox4	Text		评价分数
	textBox5	Text		评论内容
按钮	button1	Text	添加	
	button2	Text	修改	
	button3	Text	删除	
	btnBack	Text	返回	返回导航窗体
	btnEnd	Text	退出	

6. 推荐电影窗体模块

（1）推荐电影模块概述。

推荐电影窗体能够在电影评论表中找出当前登录用户没有评价过的电影，然后根据其他人对电影评分的平均值，按照由高分到低分的原则，向用户列出这些电影的详细介绍信息。窗体结构和搜索电影窗体几乎一样，而代码实现逻辑完全不同，其窗体布局如图9-19所示。

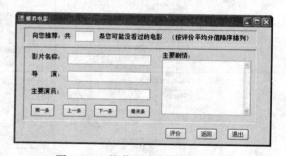

图9-19 推荐电影窗体界面布局

（2）添加控件。

该窗体用到的主要控件及其属性设置如表9-10所示。

表9-10 推荐电影窗体控件的属性值

对象类型	对象名	属性	值	备注
窗体	Form5	名称（name）	Frm5	
		Text	推荐电影	
面板	panel1	BorderStyle	Fixed3D	将窗体分隔为两个区
	panel2	BorderStyle	Fixed3D	
标签	label1	Text	向您推荐：共	
	label2	Text	条您可能没看过的电影（按评价平均分值降序排列）	
	label3	Text	影片名称：	
	label4	Text	导　　演：	

续表

对象类型	对象名	属 性	值	备 注
标签	label5	Text	主要演员：	
	label6	Text	主要剧情：	
文本框	textBox1	Text		记录数
	textBox2	Text		影片名称
	textBox3	Text		导演
	textBox4	Text		主要演员
	textBox5	Text		主要剧情
		Multiline	True	自动分行
		ScrollBars	Vertical	垂直滚动条
按钮	button1	Text	第一条	
	button2	Text	上一条	
	button3	Text	下一条	
	button4	Text	最末条	
	btnScore	Text	评价	
	btnBack	Text	返回	返回导航窗体
	btnEnd	Text	退出	

相关知识

1. DataGridView 控件

DataGridView 控件是.NET Framework 2.0 版中新增的，提供了一种强大而灵活的以表格形式显示数据的方式。可以使用 DataGridView 控件来显示少量数据的只读视图，也可以对其进行缩放以显示特大数据集的可编辑视图。

使用 DataGridView 控件，可以显示和编辑来自多种不同类型的数据源的表格数据。

将数据绑定到 DataGridView 控件非常简单和直观，在大多数情况下，只需设置 DataSource 属性即可。在绑定到包含多个列表或表的数据源时，只需将 DataMember 属性设置为指定要绑定的列表或表的字符串即可。

可以用很多方式扩展 DataGridView 控件，以便将自定义行为内置在应用程序中。例如，可以采用编程方式指定自己的排序算法，以及创建自己的单元格类型。通过设置一些属性，用户可以轻松地自定义 DataGridView 控件的外观。可以将许多类型的数据存储区用做数据源，也可以在没有绑定数据源的情况下操作 DataGridView 控件。

表 9-11 列出了 DataGridView 控件的与数据操作相关的属性。

表 9-11 DataGridView 控件的部分属性说明

属 性	说 明
AllowUserToAddRows	获取或设置一个值，该值指示是否向用户显示添加行的选项
AllowUserToDeleteRows	获取或设置一个值，该值指示是否允许用户从 DataGridView 中删除行
AllowUserToResizeRows	获取或设置一个值，该值指示是否允许用户调整行的大小
ColumnCount(int)	列数

续表

属性	说明
CurrentRow	获取包含当前单元格的行
DataBindings	为该控件获取数据绑定
DataMember	获取或设置数据源中 DataGridView 显示其数据的列表或表的名称
DataSource	获取或设置 DataGridView 所显示数据的数据源
NewRowIndex	获取新记录所在行的索引
RowCount	行数
ReadOnly	获取一个值,该值指示用户是否可以编辑 DataGridView 控件的单元格
Visible	获取或设置一个值,该值指示是否显示该控件
SortedRows	获取 DataGridView 当前排序所依据的列
SortOrder	获取一个值,指示是升序、降序还是不排序

表 9-12 列出了 DataGridView 控件的所有方法及其说明。

表 9-12 DataGridView 控件的所有方法说明

方法	说明
AreAllCellsSelected()	返回一个值,指示当前是否选择了所有的单元格
AutoResizeColumns()	调整所有列的宽度以适应其单元格的内容
AutoResizeRowHeaderWidth()	调整行标题宽度以适应标题内容
AutoResizeRows()	调整某些或所有行高度以适应其内容
BeginEdit()	将当前单元格置于编辑模式下
CancelEdit()	丢弃更改
CommitEdit()	将更改提交到数据缓存,但不结束编辑模式
DisplayedColumnCount()	返回向用户显示的列数
DisplayRowCount()	返回向用户显示的行数
DoDragDrop()	开始拖放操作
EndEdit()	提交对当前单元格进行的编辑并结束编辑模式
GetCellCount()	获取满足所提供筛选器的单元格数目
GetChildAtPoint()	检索指定位置的子控件
Select()	激活控件
SelectAll()	选中所有单元格
SelectNextControl()	激活下一个控件
Show()	向用户显示控件
Sort()	对 DataGridView 控件内容进行排序

表 9-13 列出了 DataGridView 控件的常见事件及其说明。

表 9-13 DataGridView 控件的常见事件说明

事件	说明
CellClick	在单元格的任何部分被单击时发生
CellContentClick	在单元格的内容被单击时发生

续表

事件	说明
CellContentDoubleClick	在单元格的内容被双击时发生
CellDoubleClick	用户双击单元格的任意位置时发生
CellEnter	在 DataGridView 中的当前单元格更改或该控件接收到输入焦点时发生
CellMouseClick	单击单元格中的任意位置时发生
CellValueChanged	在单元格的值更改时发生
Enter	进入控件时发生
Sorted	在 DataGridView 控件完成排序操作时发生

2. Panel 控件

Panel 是一个服务器端控件，也是一个容器控件，用于包含其他服务器控件或其他内容并控制这些内容的显示时机。在某些场合，这个控件是很有用的，例如，在制作一个注册项很多的注册页面时，通常是将所有注册项放在一个页面上，利用 Panel 实现将一个页面的内容分段显示，这样用户在注册时，感觉就好像是在访问多个页面。

9.3 代码设计部分

完成了对 5 个窗体的绘制工作之后，需要为每个窗体的相关控件添加事件过程代码，才能让用户通过窗体上的控件，来访问或修改数据库。

本节通过 5 个任务，对代码部分进行完善，并就相关知识点做出讲解。

任务 2　登录窗体的代码实现

任务描述

为登录窗体（Form1）的相关控件添加事件过程代码，让用户通过该窗体，来访问数据库。

任务实施

（1）命名空间的引用。

由于这里访问的数据库是 SQL Server，访问数据库相关的数据提供程序对象都包含在 System.Data.SqlClient 命名空间中，在程序的开头要加上对这个命名空间的引用，如下：

```
using System.Data.SqlClient;
```

如果不引用命名空间，则每写一个类，都需要把它所处的命名空间情况完整地写出来。

（2）窗体间数据的共享。

该系统采用了最简单的方式来实现不同窗体间的数据共享，即使用公共静态变量来实现。公共属性决定了窗体中的该变量能够被其他窗体或模块中的过程调用；静态属性决定了当前窗体关闭后，仍能够保持该变量的值存在。

在登录窗体 Form1 的类体中，定义全局静态变量 userid，用以标示登录的用户，代码如下：

```
//定义全局静态变量userid，标示登录的用户
public static string userid;
```
(3)"登录"按钮事件代码。

在设计窗口中，双击"登录"按钮，为其添加单击事件代码如下：
```
private void btnLogin_Click(object sender, EventArgs e)
{
    try
    {
        if(textBox1.Text=="")
        {
            MessageBox.Show("用户名不能为空");
            return;
        }
        if(textBox2.Text=="")
        {
            MessageBox.Show("请输入登录密码");
            return;
        }
        //到用户表中查询是否有该用户记录，以及密码是否正确
        //创建一个SqlConnection对象实例，打开数据库连接
        SqlConnection conn=new SqlConnection();
        conn.ConnectionString="Data Source=ethan\\sqlexpress;
            Initial Catalog=FSS;Integrated Security=True";
        conn.Open();
        //构建字符串，创建一个SqlCommand对象实例
        SqlCommand cmd=new SqlCommand();
        cmd.CommandText="select*from users where uid='"
            +textBox1.Text+"'and ucode='"+textBox2.Text+"'";
        cmd.CommandType=CommandType.Text;
        cmd.Connection=conn;
        //实例一个DataReader对象，执行一次数据库读取
        SqlDataReader dr;
        dr=cmd.ExecuteReader();
        //判断成员表中是否包含该用户id，该密码值的记录
        if(dr.Read())   //验证成功，跳转到Form2窗体
        {
            userid=textBox1.Text;
            Frm2 f2=new Frm2();
            f2.Show();
            this.Hide();
        }
        else
        {
            MessageBox.Show("用户名或密码输入错误，请重新输入！");
            textBox1.Clear();
            textBox2.Clear();
            textBox1.Focus();
        }
    }
    catch(Exception ee)
```

```
        {
            MessageBox.Show(ee.Message.ToString());
        }
    }
```
(4)"退出"按钮事件代码如下:
```
private void btnEnd_Click(object sender, EventArgs e)
{
    Application.Exit();
}
```

相关知识

1. 连接(SqlConnection 对象)的创建

(1)连接字符串。

要实现数据源的连接,首先要引出连接字符串的概念。

连接字符串(connection string)是连接数据源时所提供的必要的连接信息,其中包括连接的服务器对象、账号、密码和所访问的数据库对象等信息,是进行数据连接必不可少的信息。一般,一个连接字符串中所包含的信息如表 9-14 所示。

表 9-14 连接字符串参数说明

参数	说明
Provider	用于提供连接驱动程序的名称,仅用于 OleDbConnection 对象
Data Source	指明所需访问的数据源,若访问 SQL Server 则指明服务器名称,若访问 Access 则指明数据文件名
Initial Catalog	指明所需访问的数据库的名称
Password 或 PWD	指明访问对象所需的密码
User ID 或 UID	指明访问对象所需的用户名
Connection TimeOut	指明访问对象所持续的时间,以秒为单位,默认为 15s
Integrated Security 或 Trusted Connection	集成连接(信任连接),可设置为 True 或 False

【例 9-1】有一个 SQL Server 2005 数据源,服务器名为 server1,数据库名为 Example,采用集成身份验证,试写出连接此数据源的连接字符串。

连接字符串如下:
```
Initial Catalog=Example;Data Source=server1\sqlexpress;Integrated Security=True;
```

说明:

① Initial Catalog=Example; 指明要连接的数据库名称为 Example。

② Data Source=server1\sqlexpress; 指明连接到数据库服务器的名称。

③ Integrated Security=True; 指明是以集成用户的方式登录到数据库。

【例 9-2】有一个 SQL Server 2000 数据源,服务器名为 server1,数据库名为 Northwind,用户名为 sa,密码为 sa,试写出连接字符串的格式。

字符串格式如下:
```
Initial Catalog=Northwind;Data Source=server1;UID=sa;PWD=sa;
```

说明：

① Initial Catalog=Northwind；指明所要连接的数据库名为 Northwind。
② Data Source=server1；指明想连接的数据库服务器是 server1。
③ UID=sa；指明登录到 SQL Server 数据库服务器的用户名是 sa。
④ PWD=sa；指明登录到 SQL Server 数据库服务器的密码是 sa。

（2）运行时创建连接。

要建立连接，就需要新建 Connection 类的实例，如果数据库是 SQL Server，那么就要创建 SqlConnection 类的实例，当连接对象建立后，紧接着就要对对象的连接字符串属性进行设置。

【例 9-3】创建到 SQL Server 2005 的连接，数据库名为 Example，服务器名为 Ethan，用户名为 sa，密码为 sa。

代码如下：

```
SqlConnection conn;
conn=new SqlConnection( );
conn.ConnectionString="Initial Catalog=Example;"
            +"Data Source=Ethan\\Sqlexpress;"+"UID=sa; PWD=sa; "
```

也可以用下面的语句来实现：

```
SqlConnection conn=new SqlConnection( );
conn.ConnectionString="Initial Catalog=Example;"
            +"Data Source=Ethan\\Sqlexpress;"+"UID=sa; PWD=sa; "
```

或者用下面的语句来实现：

```
SqlConnection conn;
conn=new SqlConnectionString("Initial Catalog=Example; Data Source=Ethan\\Sqlexpress; "+"UID=sa; PWD=sa;");
```

本项目中的数据库 FSS 采用集成身份的验证方式，所以连接到该数据库的语句如下：

```
//到用户表中查询是否有该用户记录，以及密码是否正确
//创建一个 SqlConnection 对象实例，打开数据库连接
SqlConnection conn=new SqlConnection();
conn.ConnectionString="Data Source=ethan\\sqlexpress;
    Initial Catalog=FSS;Integrated Security=True";
```

（3）Connection（连接类）的方法。

当建立好一个连接对象后，就可以使用已经创建好的这个对象，进行诸如打开、关闭等操作，同时可以针对对象状态的变化而变化对象的操作。

连接类 SqlConnection 主要有以下 3 个方法：

① Open()。表示打开一个已建立的连接对象。连接的打开是指根据连接字符串的设置与对象建立可信任的通信，以便为后来的数据操作做准备。所有的操作都是在连接打开以后再进行的，即打开连接是进行数据库操作的第一步。

如果用方法 Open()打开，则称为显式打开方式。在某些情况下，连接的打开不需要使用方法 Open()，而会随着其他对象的打开而自动打开，这种打开方式称为隐式打开方式。

② Close()。表示关闭一个已打开的连接对象，将连接释放到服务器的连接池中，以便下次启动相似的连接时能快速地建立连接。

③ Disposed()。移除连接，从服务器的连接池中删除连接，以保存服务器资源。

【例9-4】有一个SQL Server 2005数据库,服务器名为Ethan,现要打开此服务器上的Example数据库,用户名和密码都是sa,试写出完成此操作的代码。

代码如下:
```
System.Data.SqlClient.SqlConnection conn;
conn = new System.Data.SqlClient.SqlConnection( );
conn.ConnectionString="Initial Catalog=Example;Data Source=Ethan; UID=sa;
PWD=sa";
conn.Open();
//此处放置数据处理的代码
conn.Close();
```

本任务中创建了连接对象,设置好连接字符串的属性后,调用Open()方法打开连接,代码如下:

```
SqlConnection conn=new SqlConnection();
conn.ConnectionString="…";
conn.Open();
```

2. 命令(SqlCommand对象)的创建

在连接好数据源后,就可以对数据源执行一些命令操作。命令操作包括从数据存储区(数据库、数据文件等)检索或对数据存储区进行插入、更新、删除操作。在ADO.NET中,这些操作都可以通过命令对象来创建。

SqlCommand类的实例对象保存的是要对SQL Server数据库执行的一个Transact-SQL语句或存储过程。

SqlCommand类的常用属性如表9-15所示。

表9-15 数据命令对象的常用属性

属 性	说 明
Connection	指定与Command对象相连接的Connection对象
CommandType	指定命令对象Command的类型。有3种类型,分别是Text、StoreProcedure和DirectTable,分别表示SQL语句、存储过程和直接的表
CommandText	如果CommandType指明为Text,则此属性指出SQL语句的内容(默认值)。如果CommandType指明为StoreProcedure,则此属性指出存储过程的名称。如果CommandType指明为DirectTable,则此属性指出表的名称

命令对象的属性设置好之后,就可以运用其方法来对数据库中的数据进行处理了。Command对象的常用方法如表9-16所示。

表9-16 数据命令对象的常用方法

方 法	说 明
ExecuteReader()	执行返回具有DataReader类型的行集数据的方法,这个方法大都用于返回有多行多列的查询语句中,再处理DataReader对象便能将返回的数据显示出来
ExecuteScalar()	执行返回单一值的方法,这个方法大都用在有聚合函数的查询过程中,如求某列的平均值、汇总合计等
ExecuteNonQuery()	用于执行某些操作,返回的值是本次操作所影响的行数,这个方法用于没有返回值的操作语句中,如存储过程的执行、插入、修改和删除等语句中

本任务利用两个文本框中的数据作为查询参数,对数据库中的用户表进行查询,设置的连接属性、命令类型如下:

```
//构建字符串，创建一个SqlCommand对象实例
SqlCommand cmd=new SqlCommand();
cmd.CommandText="select*from users where uid='"
               +textBox1.Text+"'and ucode='"+textBox2.Text+"'";
cmd.CommandType=CommandType.Text;
cmd.Connection=conn;
```

创建SqlCommand对象之后，紧接着对其Connection（连接）属性赋值，让该命令对象可以使用刚才建立的连接对象连接到数据源；这里想让该数据命令对象保存一条数据库的查询语句，所以将对象的CommandType（命令类型）设置为Text类型；直接将SQL语句以字符串形式赋给命令对象的CommandText（命令文本）属性。

建立好接收对象后，就执行了命令对象的ExecuteReader()方法，完成了一个查询操作。

3. 结果（SqlDataReader对象）的创建

ADO.NET通过SqlCommand对象执行SQL语句，可直接对数据库进行处理，当SqlCommand对象执行SQL查询语句之后，会返回一个SqlDataReader对象，它是一个结果集。该结果集是由满足查询条件的所有行组成的集合，它排列成表的形式，可以通过SqlDataReader对象的属性和方法访问SqlDataReader中的数据。但是值得注意的是，SqlDataReader对象中的数据只能进行只读、向前的访问。

SqlDataReader是实现IDataReader接口的类，若要创建SqlDataReader对象，则必须调用SqlCommand对象的ExecuteReader()方法，而不能直接调用其构造函数。SqlCommand.ExecuteReader()方法执行返回行的命令，它将CommandText发送到Connection，并生成一个SqlDataReader，如本任务中的以下代码：

```
//创建一个DataReader对象实例，执行一次数据库读取
SqlDataReader dr;
dr=cmd.ExecuteReader();
```

将对用户表的查询结果，保存在返回的SqlDataReader对象dr中。

SqlDataReader（数据阅读器）类的常用属性如表9-17所示。

表9-17 SqlDataReader类的常用属性

属性	说明
FieldCount	获取当前行中的列数
IsClosed	检索一个布尔值，该值指示是否已关闭指定的SqlDataReader实例

DataReader类的常用方法如表9-18所示。

表9-18 DataReader类的常用方法

方法	说明
Read()	使对象的指针前进到下一个记录，如果下一个记录存在，则返回真；否则返回假。可用于判断是否读到记录的末尾
Close()	关闭对象。每次使用完DataReader对象后，都要用Close()方法关闭对象
GetString()、GetDateTime()、GetInt32()、GetDouble()、GetChar()等	这一类方法根据给定的列索引(从0开始)，返回当前选中行中该字段的值，方法中的String、Intel32等指明了返回值的类型。如果返回的类型和指定值不匹配，将会抛出一个异常
GetName()	获取指定列的名称

SqlDataReader 对象维护一个指向访问数据行的指针,每当调用 SqlDataReader.Read()方法时,指针移动到下一行,SqlDataReader 前进到下一条记录(访问的是指针指向的行),如果存在数据行,则 Read()方法返回值为 true,否则返回值为 false。一般都会利用 Read()方法来循环读出 SqlDataReader 实例中的多条记录。SqlDataReader 对象的默认位置在第一条记录前面,因此,必须调用 Read()方法开始访问任何数据。

【例 9-5】将 FSS(电影荐评系统)项目中 users(用户)表中的用户姓名显示到一个 ListBox 控件中,如图 9-20 所示。

① 在窗体中添加 1 个按钮控件和 1 个列表框控件(名为 listBox1),如图 9-20 所示。

② 在"显示"按钮的单击事件中添加以下代码:

图 9-20　查询用户名

```
SqlConnection conn=new SqlConnection();
conn.ConnectionString="Data Source=ethan\\sqlexpress;
                Initial Catalog=FSS;Integrated Security=True";
conn.Open();
SqlCommand cmd=new SqlCommand();
cmd.CommandText="select uid from users";
cmd.CommandType=CommandType.Text;
cmd.Connection=conn;
SqlDataReader dr;            //创建一个 DataReader 对象
dr=cmd.ExecuteReader();  //执行 Command 对象的 ExecuteReader()方法返回数据到 dr 中
while(dr.Read())             //循环读取 dr 中的数据
    listBox1.Items.Add(dr.GetString(0));   //将每次的数据添加到 listBox1 控件中
dr.Close();
conn.Close();
```

4.验证机制

本任务中,合法用户的验证机制是,将用户在文本框中输入的用户名和密码作为关键字到数据库的用户表中查询,根据返回的结果是否为空来验证当前用户身份的合法性。返回结果(SqlDataReader 对象)为空,说明当前用户非法,弹出相应的对话框提示用户出错;非空,说明当前用户合法,跳转到 Form2,并将其用户 id 记录在静态全局变量 userid 中。代码如下:

```
//判断是否成员表中是否包含该用户 id 及该密码值的记录
if(dr.Read())  //验证成功,跳转到 Frm2
{
    userid=textBox1.Text;
    Frm2 f2=new Frm2();
    f2.Show();
    this.Hide();
}
else
{
    MessageBox.Show("用户名或密码输入错误,请重新输入!");
    …
}
```

5.窗体的切换

由于窗体本身以类的形式存在,所以要打开新的窗体,就必须现实例化该窗体类的对象,并

调用窗体的Show()方法让其显示,对当前窗体,则调用Hide()方法隐藏起来,代码如下:

```
Frm2 f2=new Frm2();
f2.Show();
this.Hide();
```

任务3　导航窗体的代码实现

任务描述

对导航窗体(Form2)进行代码编写,完成窗体各控件的功能。

任务实施

(1)窗体间数据的共享。

该窗体依然采用公共静态变量的方式来完成与其他窗体间数据的共享操作。这里定义了电影名称和电影编号两个变量,代码如下:

```
//定义全局静态变量fileName,标示搜索的电影名关键字
public static string filmName="";
//定义全局静态变量filmid,标示电影编号
public static string filmid = "";
```

(2)"搜索"按钮单击事件代码如下:

```
//"搜索"按钮单击事件过程
private void button1_Click(object sender, EventArgs e)
{
    if(textBox1.Text=="")
    {
        MessageBox.Show("请输入要搜索的影片名称");
        return;
    }
    filmName=textBox1.Text;
    Frm3 f3=new Frm3();
    f3.Show();
    this.Close();
}
```

(3)"推荐"按钮单击事件代码如下:

```
//"推荐"按钮单击事件过程
private void button2_Click(object sender, EventArgs e)
{
    Frm5 f5=new Frm5();
    f5.Show();
    this.Close();
}
```

(4)"评价"按钮单击事件代码如下:

```
//"评价"按钮单击事件过程
private void button3_Click(object sender, EventArgs e)
{
    if(textBox2.Text=="")
```

```
    {
        MessageBox.Show("请输入要评价的影片名称");
        return;
    }
    filmName=textBox2.Text;
    filmid="";
    Frm4 f4=new Frm4();
    f4.Show();
    this.Close();
}
```
（5）"退出"按钮单击事件代码如下：
```
private void btnEnd_Click(object sender, EventArgs e)
{
    Application.Exit();
}
```

相关知识

Application类具有用于启动和停止应用程序和线程，以及处理Windows消息的方法。调用Run()以启动当前线程上的应用程序消息循环，并可以选择使某窗体可见。调用Exit()方法或ExitThread()方法来停止消息循环。当程序在某个循环中时，调用DoEvents()来处理消息。调用AddMessageFilter()以向应用程序消息泵添加消息筛选器来监视Windows消息。IMessageFilter使用户可以阻止引发某事件或在调用某事件处理程序前执行特殊的操作。

Application类具有用于获取或设置当前线程的区域性信息的 CurrentCulture 和 CurrentInputLanguage 属性。

用户不能创建Application类的实例。

其Exit()方法能够通知所有消息泵必须终止，并且在处理消息以后关闭所有应用程序窗口。本任务中的"退出"按钮单击事件就调用了该方法，代码如下：
```
private void btnEnd_Click(object sender, EventArgs e)
{
    Application.Exit();
}
```

任务4 搜索电影窗体的代码实现

任务描述

对搜索电影窗体（Form3）进行代码编写，完成窗体各控件的功能。

任务实施

（1）类成员定义。

这里定义了两个静态变量，用来记录信息，代码如下：
```
//判断标记
public static int i=0;
```

```csharp
//记录标记
public static int LastNum=0;
```
（2）在类体中添加 dsResult()方法，该方法能够以搜索关键字（来自 Form2 的静态变量 fileName）查找电影表中符合条件的记录，并且只返回结果中指定行的记录，代码如下：
```csharp
//查询返回结果集的方法
public DataSet dsResult(int currentIndex)
{
    //创建一个SqlConnection对象实例，打开数据库连接
    SqlConnection conn=new SqlConnection();
    conn.ConnectionString="Data Source=ethan\\sqlexpress;
            Initial Catalog=FSS;Integrated Security=True";
    conn.Open();
    int pageSize=1;  //标记
    string selectSQL="select * from filmintro where fname like'%"+Frm2.filmName+"%'";
    SqlDataAdapter da=new SqlDataAdapter(selectSQL, conn);
    DataSet ds=new DataSet("t_film");
    da.Fill(ds, currentIndex, pageSize, "t_film");
    conn.Close();
    return ds;
}
```
（3）在类体中添加 Max()方法，该方法能够使用搜索关键字（来自 Form2 的静态变量 fileName）查找电影表中符合条件的记录，并且只返回结果中的记录数目，代码如下：
```csharp
public int Max()
{
    //创建一个SqlConnection对象实例，打开数据库连接
    SqlConnection conn=new SqlConnection();
    conn.ConnectionString="Data Source=ethan\\sqlexpress;
            Initial Catalog=FSS;Integrated Security=True";
    conn.Open();
    string countSQL="select Count(*) from filmintro where fname like '%"+Frm2.filmName+"%'";
    SqlCommand cmd=new SqlCommand(countSQL, conn);
    return int.Parse(cmd.ExecuteScalar().ToString());
}
```
（4）窗体 Form3 的载入事件代码如下：
```csharp
private void Frm3_Load(object sender, EventArgs e)
{
    LastNum=Max();
    textBox1.Text=LastNum.ToString();
    if(LastNum>0)
    {
        DataSet dsNew=dsResult(0);
        this.textBox2.Text=dsNew.Tables[0].Rows[0][1].ToString();
        this.textBox3.Text=dsNew.Tables[0].Rows[0][2].ToString();
        this.textBox4.Text=dsNew.Tables[0].Rows[0][3].ToString();
        this.textBox5.Text=dsNew.Tables[0].Rows[0][4].ToString();
        //记录当前显示记录的电影编号
        Frm2.filmid = dsNew.Tables[0].Rows[0][0].ToString();
```

}
}

(5)"第一条"按钮的单击事件代码如下:

```csharp
//显示"第一条"记录
private void button1_Click(object sender, EventArgs e)
{
    //标记
    i=0;
    //调用方法查找数据
    DataSet dsNew=dsResult(i);
    this.textBox2.Text=dsNew.Tables[0].Rows[0][1].ToString();
    this.textBox3.Text=dsNew.Tables[0].Rows[0][2].ToString();
    this.textBox4.Text=dsNew.Tables[0].Rows[0][3].ToString();
    this.textBox5.Text=dsNew.Tables[0].Rows[0][4].ToString();
    //记录当前显示记录的电影编号
    Frm2.filmid=dsNew.Tables[0].Rows[0][0].ToString();
}
```

(6)"上一条"按钮的单击事件代码如下:

```csharp
//显示"上一条"记录
private void button2_Click(object sender, EventArgs e)
{
    //当前标记减1
    i-=1;
    if(i>=0)
    {
        DataSet dsNew=dsResult(i);
        this.textBox2.Text=dsNew.Tables[0].Rows[0][1].ToString();
        this.textBox3.Text=dsNew.Tables[0].Rows[0][2].ToString();
        this.textBox4.Text=dsNew.Tables[0].Rows[0][3].ToString();
        this.textBox5.Text=dsNew.Tables[0].Rows[0][4].ToString();
        //记录当前显示记录的电影编号
        Frm2.filmid = dsNew.Tables[0].Rows[0][0].ToString();
    }
    else
    {
        //已是第一条,重置当前记录标记
        i+=1;
        MessageBox.Show("这已经是第一条记录。");
    }
}
```

(7)"最末条"按钮单击事件代码如下:

```csharp
//显示"最后一条"记录
private void button4_Click(object sender, EventArgs e)
{
    DataSet dsNew=dsResult(LastNum-1);
    this.textBox2.Text=dsNew.Tables[0].Rows[0][1].ToString();
    this.textBox3.Text=dsNew.Tables[0].Rows[0][2].ToString();
    this.textBox4.Text=dsNew.Tables[0].Rows[0][3].ToString();
    this.textBox5.Text=dsNew.Tables[0].Rows[0][4].ToString();
```

```
    //记录当前显示记录的电影编号
    Frm2.filmid=dsNew.Tables[0].Rows[0][0].ToString();
    //设置当前记录标记
    i=LastNum-1;
}
```

（8）"下一条"按钮的单击事件代码如下：

```
//显示"下一条"记录
private void button3_Click(object sender, EventArgs e)
{
    //当前记录标记加1
    i+=1;
    if(i<=(LastNum-1))
    {
        //调用方法查找数据
        DataSet dsNew=dsResult(i);
        this.textBox2.Text=dsNew.Tables[0].Rows[0][1].ToString();
        this.textBox3.Text=dsNew.Tables[0].Rows[0][2].ToString();
        this.textBox4.Text=dsNew.Tables[0].Rows[0][3].ToString();
        this.textBox5.Text=dsNew.Tables[0].Rows[0][4].ToString();
        //记录当前显示记录的电影编号
        Frm2.filmid = dsNew.Tables[0].Rows[0][0].ToString();
    }
    else
    {
        //已是最后一条，重置当前记录标记
        i-=1;
        MessageBox.Show("这已是最后一条记录。");
    }
}
```

（9）"返回"按钮的单击事件代码如下：

```
private void btnBack_Click(object sender, EventArgs e)
{
    //将当前记录数标记i清零
    i=0;
    Frm2 f2=new Frm2();
    f2.Show();
    this.Close();
}
```

（10）"评价"按钮的单击事件代码如下：

```
private void btnScore_Click(object sender, EventArgs e)
{
    Frm2.filmName="";
    Frm4 f4=new Frm4();
    f4.Show();
    this.Close();
}
```

（11）"退出"按钮的单击事件代码如下：

```
private void btnEnd_Click(object sender, EventArgs e)
{
    Application.Exit();
}
```

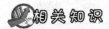

1. 数据集（DataSet）

数据集是从数据源中检索到的数据在内存中的缓存（数据在内存中的副本），数据集的结构类似于关系数据库的结构。一个数据集可以包含多个数据表。DataSet 对象是数据的一种内存驻留表示形式，由于 DataSet 对象是从数据库中检索到的数据在内存中的缓存，因此它支持在断线（脱机）状态下访问数据。

DataSet 对象由一组 DataTable 对象组成，它具备存储多个表数据及表间关系的能力。这些表存储在 DataTable 对象中，而表间关系则用 DataRelation 对象表示。DataTable 对象中包含了 DataRow 和 DataColumn 对象，分别用于存放表中行和列的数据信息。

DataSet 对象中的数据完全采用 XML 格式，因此 XML 文档可以导入 DataSet 对象，而 DataSet 对象中的数据也可以导出为 XML 文档中。

DataSet 对象的公开属性，如表 9-19 所示，常用方法如表 9-20 所示。

表 9-19 DataSet 对象的公开属性

属性	说明
CaseSensitive	确定比较是否区分大小写
DataSetName	用于在代码中引用数据集的名称
DefaultViewManager	定义数据集的默认过滤规则和排序规则
EnforceConstraints	确定在更改过程中是否遵循约束规则
ExtendedProperties	自定义用户信息
HasErrors	指出数据集的数据行中是否包含错误
Locale	比较字符串时所使用的区域信息
Namespace	读写 XML 文档时使用的命名空间
Prefix	用做命名空间别名的 XML 前缀
Relations	定义数据集中数据表关系的数据关系对象的集合
Tables	数据集中包含的数据表的集合（DataTableCollection 对象）

表 9-20 DataSet 对象的常用方法

方法	说明
AcceptChanges()	将所有未定的更改提交给数据集
Clear()	清除数据集中所有的表对象
Clone()	复制数据集的结构
Copy()	复制数据集的结构及其内容
GetChanges()	返回一个数据集，这个数据集只包含表中被更改了的行
GetXml()	返回数据集的 XML 表示
GetXmlSchema()	返回数据集架构的 XSD 表示
HasChanges()	返回一个布尔值来表示数据集是否有未定的更改
InferXmlSchema()	从 XML 文本阅读器或文件来推断数据集架构
Merge()	合并两个数据集
ReadXml()	将 XML 架构和数据读入数据集

续表

方法	说明
ReadXmlSchema()	将 XML 架构读入数据集
RejectChanges()	回滚数据集中的所有未定更改
Reset()	返回数据集的初始状态
WriteXml()	从数据集写 XML 架构和数据
WriteXmlSchema()	作为 XML 架构写数据集的结构

DataSet 对象的 Tables 属性是一个 DataTableCollection 类的对象，该对象包含了 DataSet 的所有 DataTable 对象，DataTableCollection 对象常用的属性如表 9-21 所示，常用方法如表 9-22 所示。DataTableCollection 使用诸如 Add()、Clear()和 Remove()的方法管理集合中的项目。

表 9-21 DataTableCollection 类的常用属性

属性	说明
Count	获取集合中的元素的总数
IsReadOnly	获取一个值，该值指示 InternalDataCollectionBase 是否为只读
sSynchronized	获取一个值，该值指示 InternalDataCollectionBase 是否是同步的
Item	从集合中获取指定的 DataTable 对象
SyncRoot	获取可用于同步集合的对象

表 9-22 DataTableCollection 类的常用方法

方法	说明
Add()	将 DataTable 对象添加到集合中
CanRemove()	验证是否可以将指定的 DataTable 对象从集合中移除
Clear()	清除所有 DataTable 对象的集合
Remove()	从集合中移除指定的 DataTable 对象
RemoveAt()	从集合中移除位于指定索引位置的 DataTable 对象

例如，在"搜索电影"窗体中，初始打开时，就在对应的文本框中输入了从数据库中搜索到的结果集中的第一条记录，采用 dsResult()方法，返回一个数据集，然后利用 Tables 属性得到一行数据的每一个字段值。

```
private void Frm3_Load(object sender, EventArgs e)
{
    LastNum=Max();    //得到符合条件的记录数
    textBox1.Text=LastNum.ToString();
    if(LastNum>0)     //有符合条件的记录
    {
        DataSet dsNew=dsResult(0);
        this.textBox2.Text=dsNew.Tables[0].Rows[0][1].ToString();
                //将结果集中的第一张表的第一条记录的第 2 个字段值显示在文本框 2 中
        this.textBox3.Text=dsNew.Tables[0].Rows[0][2].ToString();
        this.textBox4.Text=dsNew.Tables[0].Rows[0][3].ToString();
        this.textBox5.Text=dsNew.Tables[0].Rows[0][4].ToString();
        //记录当前显示记录的电影编号
        Frm2.filmid=dsNew.Tables[0].Rows[0][0].ToString();
            //结果集第一张表中的第一条记录的 id
```

}
}

2．数据适配器（DataAdapter）

数据适配器用于在数据源和数据集之间交换数据，这意味着，数据适配器的作用为从数据库将数据读入数据集，然后从数据集将已更改的数据写回数据库。

每个数据适配器包含 4 个数据命令对象，分别是 SelectCommand、UpdateCommand、InsertCommand 和 DeleteCommand。

数据适配器对象的常见属性，如表 9-23 所示。

表 9-23　数据适配器的常见属性

属　　性	说　　明
AcceptChangesDuringFill	指示在数据行添加到数据表中以后是否在该数据行上调用 AcceptChanges()方法
DeleteCommand	用来在数据源中删除行的数据命令
InsertCommand	用来在数据源中插入行的数据命令
MissingMappingAction	指示当传入数据与现有表或列不匹配时将要采取的操作
MissingSchemaAction	指示当传入数据与现有数据集的架构不匹配时将要采取的操作
SelectCommand	用来从数据源中检索行的数据命令
TableMappings	DataTableMappings 对象的集合。该对象决定数据集中的列和数据源之间的关系
UpdateCommand	用来更新数据源中行的数据命令

数据适配器支持两个重要的方法：一个是 Fill()，用来把数据从数据源加载到数据集中；另一个是 Update()，用来把数据从数据集加载到数据源中。SqlDataAdapter 类（重载过 DataAdapter 基类）的常用方法如表 9-24 所示。

表 9-24　SqlDataAdapter 类的常用方法

方　　法	说　　明
SqlDataAdapter ()	初始化 SqlDataAdapter 类的新实例
SqlDataAdapter (SqlCommand)	初始化 SqlDataAdapter 类的新实例，用指定的 SqlCommand 作为 SelectCommand 的属性
SqlDataAdapter (String, SqlConnection)	使用 SelectCommand 和 SqlConnection 对象初始化 SqlDataAdapter 类的新实例
Fill(DataSet)	创建名为 Table 的数据表，并用数据源返回的行填充它
Fill(DataTable)	用数据源返回的行填充指定的数据表
Fill(DataSet,TableName)	在指定的数据集中，用数据源返回的行填充 TableName 字符串中命名的数据表
Fill(DataTable,DataReader)	使用指定的 DataReader 填充数据表
Fill(DataTable,Command,CommandBehavior)	使用命令中传递的 SQL 字符串和指定的 CommandBehivior 填充数据表
Fill(DataSet,StartRecord,MaxRecords,TableName)	填充 TableName 字符串指定的数据表，填充从基值为 0 的 StartRecord 开始，持续 MaxRecords 条记录或直到结果集的末尾结束
DbDataAdapter.Update (DataSet)	为指定 DataSet 中每个已插入、已更新或已删除的行调用相应的 INSERT、UPDATE 或 DELETE 语句
DbDataAdapter.Update (DataTable)	为指定 DataTable 中每个已插入、已更新或已删除的行调用相应的 INSERT、UPDATE 或 DELETE 语句

如本任务中返回符合条件的第 n 条记录的方法 dsResult() 的代码如下：

```csharp
//查询返回结果集的方法
public DataSet dsResult(int currentIndex)
{
    //创建一个SqConnection对象实例，打开数据库连接
    SqlConnection conn=new SqlConnection();
    conn.ConnectionString="Data Source=ethan\\sqlexpress;
                Initial Catalog=FSS;Integrated Security=True";
    conn.Open();
    int pageSize=1;         //标记
    string selectSQL="select * from filmintro where fname like'%"
                +Frm2.filmName+"%'";
    SqlDataAdapter da=new SqlDataAdapter(selectSQL, conn);
                    //用查询语句建立连接conn的数据适配器
    DataSet ds=new DataSet("t_film");
    da.Fill(ds, currentIndex, pageSize, "t_film");
        //将检索结果中的第currentIndwx行开始的1条记录添加到结果集的表t_film中
    conn.Close();
    return ds;
}
```

任务 5　评价电影窗体的代码实现

任务描述

对评价电影窗体（Form4）进行代码编写，完成窗体各控件的功能。

任务实施

（1）在类体中添加方法 fillDataView 实例()，该方法能够通过搜索关键字（来自 Form2 的静态变量 fileName）查找评论表中符合条件的记录，并将其显示在数据网格中，代码如下：

```csharp
//用查询结果填充DataGridView控件的方法
public void fillDataView()
{
    //创建一个SqlConnection对象实例，打开数据库连接
    SqlConnection conn=new SqlConnection();
    conn.ConnectionString="Data Source=ethan\\sqlexpress;
                Initial Catalog=FSS;Integrated Security=True";
    conn.Open();
    //创建查询字符串
    String selectSQL;
    if(Frm2.filmid=="")    //由"电影名称"关键字引起的模糊评价查询，由Form2跳转过来
    {
        selectSQL="select * from scores where fname like '%"+Frm2.filmName
            +"%'";
    }
    else                //由"电影编号"执行的精确评价查询，由Form3跳转而来
```

```csharp
    {
        selectSQL="select * from scores where fno='"+Frm2.filmid+"'";
    }

    //创建一个SqlDataAdapter对象实例
    SqlDataAdapter da=new SqlDataAdapter(selectSQL, conn);
    DataTable dt=new DataTable();
    da.Fill(dt);            //数据适配器填充内存数据表(DataTable)对象
    //绑定数据源
    dataGridView1.DataSource=dt.DefaultView;
    conn.Close();
}
```

（2）窗体 Form4 的载入事件代码如下：

```csharp
private void Frm4_Load(object sender, EventArgs e)
{
    fillDataView();
}
```

（3）"添加"按钮的单击事件代码如下：

```csharp
//"添加"按钮的单击事件过程
private void button1_Click(object sender, EventArgs e)
{
    // "电影编号"文本框完整性检查
    if(textBox2.Text=="")
    {
        MessageBox.Show("请填写电影编号");
        return;
    }
    // "评价分数"文本框完整性检查
    if(textBox5.Text=="")
    {
        MessageBox.Show("请填写评价分数");
        return;
    }
    try
    {
        int sco=int.Parse(textBox5.Text);
        if(sco<=0||sco>10)
        {
            MessageBox.Show("评分数字，请给出 1 到 10 的整数数字。");
            return;
        }
    }
    catch(Exception ee)
    {
        MessageBox.Show("评价分数，请给出整数。");
        string log=ee.Message.ToString();
        return;
    }
    try
    {
```

```csharp
//创建一个SqlConnection对象实例,打开数据库连接
SqlConnection conn=new SqlConnection();
conn.ConnectionString="Data Source=ethan\\sqlexpress;
                Initial Catalog=FSS;Integrated Security=True";
conn.Open();
//判断是否在"评价表"中,该用户已经对该部影片进行过评价
SqlCommand cmd=new SqlCommand();
cmd.CommandText="select * from scores where uid='"
                +Frm1.userid+"'and fno='"+textBox2.Text+"'";
cmd.CommandType=CommandType.Text;
cmd.Connection=conn;
//创建一个DataReader对象实例,执行一次数据库读取
SqlDataReader dr = cmd.ExecuteReader();
//判断评价表中,是否已经有该用户对该编号的电影的评价了
if(dr.Read())  //表中已有记录
{
    MessageBox.Show("你已经对这部电影评价过,
        评论编号是: "+dr.GetString(0)+",确定修改,请点击【修改】"); ;
    return;
}
dr.Close();

//查找"影片表"中是否有该编号的电影,以及对应的确切的影片名称
SqlCommand cmd1=new SqlCommand();
cmd1.CommandText="select * from filmintro where fno='"+textBox2.Text
+"'";
cmd1.CommandType=CommandType.Text;
cmd1.Connection=conn;
//创建一个DataReader对象实例,执行一次数据库读取
SqlDataReader dr1;
dr1=cmd1.ExecuteReader();
//判断"电影表"中是否有该电影编号的记录
if(dr1.Read())  //表中已有记录
{
    Frm2.filmName=dr1.GetString(1);
}
else
{
    MessageBox.Show("您输入的"电影编号"有误,数据库中不存在该记录,请更正。");
    return;
}
dr1.Close();

//添加评价
string insertSQL="insert  scores(fname, fno,uid,score,comment)
values('"+Frm2.filmName+"','"+textBox2.Text+"','"+Frm1.userid
+"','"+textBox5.Text+"','"+textBox6.Text+"')";
//创建一个SqlCommand对象实例
SqlCommand command=new SqlCommand();
command.CommandText=insertSQL;
```

```csharp
        command.Connection=conn;
        //执行添加数据
        command.ExecuteNonQuery();
        MessageBox.Show("评价添加成功");

        //刷新DataGridView控件的显示内容
        String selectSQL="select * from scores where fno='"
                        +textBox2.Text+"'order by sno desc";
        //创建一个SqlDataAdapter对象实例
        SqlDataAdapter da=new SqlDataAdapter(selectSQL, conn);
        //创建一个DataTable对象实例
        DataTable dt=new DataTable();
        da.Fill(dt);
        //填充控件
        dataGridView1.DataSource = dt.DefaultView;
    }
    catch(Exception ee)
    {
        MessageBox.Show(ee.Message.ToString());
    }
}
```

(4)"修改"按钮的单击事件代码如下：

```csharp
//"修改"按钮单击事件过程
private void button2_Click(object sender, EventArgs e)
{
    //"评论编号"文本框完整性检查
    if(textBox1.Text=="")
    {
        MessageBox.Show("请填写要修改的评价编号。注意：用户只能修改本用户之前作出的评价。");
        return;
    }
    //"电影编号"文本框完整性检查
    if(textBox2.Text=="")
    {
        MessageBox.Show("请填写电影编号");
        return;
    }
    //"评价分数"文本框完整性检查
    if(textBox5.Text=="")
    {
        MessageBox.Show("请填写评价分数");
        return;
    }
    try
    {
        int sco=int.Parse(textBox5.Text);
        if(sco<=0||sco>10)
        {
            MessageBox.Show("评分数字，请给出1到10的整数数字。");
            return;
```

```csharp
        }
    }
    catch(Exception ee)
    {
        MessageBox.Show("评价分数，请给出整数。");
        string log=ee.Message.ToString();
    }
    try
    {
        //创建一个SqlConnection对象实例，打开数据库连接
        SqlConnection conn=new SqlConnection();
        conn.ConnectionString="Data Source=ethan\\sqlexpress;
                    Initial Catalog=FSS;Integrated Security=True";
        conn.Open();
        //判断在"评价表"中，该"评论编号"对应记录的评论者是否是该用户
        SqlCommand cmd=new SqlCommand();
        cmd.CommandText="select * from scores where sno='"
                    +textBox1.Text+"'and uid='"+Frm1.userid+"'";
        cmd.CommandType=CommandType.Text;
        cmd.Connection=conn;
        //创建一个DataReader对象实例，执行一次数据库读取
        SqlDataReader dr;
        dr=cmd.ExecuteReader();
        if(dr.Read())          //表中已有记录
        {
            dr.Close();     //关闭DataReader
            string updateSQL="update scores set score='"+textBox5.Text
                        +"',comment='"+textBox6.Text+"'where sno='"
                        +textBox1.Text+"'";
            //创建一个SqlCommand对象实例
            SqlCommand command=new SqlCommand();
            //设置SQL语句
            command.CommandText=updateSQL;
            //调用打开数据库连接的方法
            command.Connection=conn;
            //添加数据
            command.ExecuteNonQuery();
            MessageBox.Show("修改成功！");


            //刷新DataGridView控件的显示内容
            String selectSQL="select * from scores where fno='"
                        +textBox2.Text+"'order by sno desc";
            //创建一个SqlDataAdapter对象实例
            SqlDataAdapter da=new SqlDataAdapter(selectSQL, conn);
            //创建一个DataTable对象实例
            DataTable dt=new DataTable();
            da.Fill(dt);
            //填充控件
            dataGridView1.DataSource=dt.DefaultView;
```

```
            }
            else
            {
                MessageBox.Show(""评论编号"输入有误,请检查。");
            }
        }
        catch(Exception ee)
        {
            MessageBox.Show(ee.Message.ToString());
        }
    }
```
(5)"删除"按钮的单击事件代码如下:
```
private void button3_Click(object sender, EventArgs e)
{

    //"评论编号"文本框完整性检查
    if(textBox1.Text=="")
    {
        MessageBox.Show("请填写要修改的评价编号。注意:用户只能修改本用户之前作出的评价。");
        return;
    }
    try
    {
        //创建一个SqlConnection对象实例,打开数据库连接
        SqlConnection conn=new SqlConnection();
        conn.ConnectionString="Data Source=ethan\\sqlexpress;
            Initial Catalog=FSS;Integrated Security=True";
        conn.Open();
        //判断在"评价表"中,该"评论编号"对应记录的评论者是否是该用户
        SqlCommand cmd=new SqlCommand();
        cmd.CommandText="select * from scores where sno ='"+textBox1.Text
                    + "'and uid='"+Frm1.userid+"'";
        cmd.CommandType=CommandType.Text;
        cmd.Connection=conn;
        //创建一个DataReader对象实例,执行一次数据库读取
        SqlDataReader dr;
        dr = cmd.ExecuteReader();
        //判断评价表中,是否已经有该用户对该编号的电影的评价了
        if(dr.Read())  //表中已有记录
        {
            dr.Close();//关闭DataReader
            DialogResult r=MessageBox.Show("真的要删除此行吗?",
                    "提醒", MessageBoxButtons.YesNo);
            if(r.ToString()=="Yes")
            {
                string deleteSQL="delete from scores where sno ='"+textBox1.
                Text+"'";
                //创建一个SqlCommand对象实例
                SqlCommand command=new SqlCommand();
                //设置SQL语句
```

```csharp
            command.CommandText=deleteSQL;
            //调用打开数据库连接的方法
            command.Connection=conn;
            //添加数据
            command.ExecuteNonQuery();
            MessageBox.Show("删除成功！","删除信息提示");
            //刷新DataGridView控件的显示内容
            String selectSQL;
            if(Frm2.filmid=="") //由"电影名称"关键字引起的模糊评价查询,由Form2
                                //跳转过来
            {
                selectSQL = "select * from scores where fname like '%"+Frm2.
                filmName+"%'";
            }
            else   //由"电影编号"执行的精确评价查询,由Form3跳转而来
            {
                selectSQL="select * from scores where fno='"+Frm2.filmid
                +"'";
            }
            //创建一个SqlDataAdapter对象实例
            SqlDataAdapter da=new SqlDataAdapter(selectSQL, conn);
            //创建一个DataTable对象实例
            DataTable dt=new DataTable();
            da.Fill(dt);
            //填充控件
            dataGridView1.DataSource=dt.DefaultView;
        }
        else
        {
            return;
        }
    }
    else
    {
        MessageBox.Show(""评论编号"输入有误，请检查。");
    }
}
catch (Exception ee)
{
    MessageBox.Show(ee.Message.ToString());
}
}
```

（6）"返回"按钮的单击事件代码如下：

```csharp
private void btnBack_Click(object sender, EventArgs e)
{
    Frm3.i=0;   //Frm3上的当前记录标记i清零
    Frm2 f2=new Frm2();
    f2.Show();
    this.Close();
}
```

(7)"退出"按钮的单击事件代码如下:
```
private void btnEnd_Click(object sender, EventArgs e)
{
    Application.Exit();
}
```

相关知识

1. 数据表（DataTable）

DataTable 类是 .NET Framework 类库中 System.Data 命名空间的成员，可以独立创建和使用 DataTable，也可以作为 DataSet 的成员创建和使用，而且 DataTable 对象也可以与其他 .NET Framework 对象（包括 DataView）一起使用。可以通过 DataSet 对象的 Tables 属性来访问 DataSet 中表的集合。

DataTable 表示一个内存中的关系数据表，可以独立创建和使用，也可以由其他 .NET Framework 对象使用，最常见的情况是作为 DataSet 的成员使用。

可以使用相应的 DataTable 构造函数创建 DataTable 对象。可以使用 Add()方法将其添加到 DataTable 对象的 Tables 集合中，以及 DataSet 中。

也可以通过以下方法创建 DataTable 对象:使用 DataAdapter 对象的 Fill()方法或 FillSchema()方法在 DataSet 中创建，或者使用 DataSet 的 ReadXml()、ReadXmlSchema()或 InferXmlSchema()方法从预定义的或推断的 XML 架构中创建。注意:将一个 DataTable 作为成员添加到一个 DataSet 的 Tables 集合中后，不能再将其添加到任何其他 DataSet 的表集合中。

DataTable 中的常用属性如表 9-25 所示。

表 9-25 DataTable 类的常用属性

属 性	说 明
Columns	获取属于该表的列的集合
DataSet	获取此表所属的 DataSet
DefaultView	获取可能包括筛选视图或游标位置的表的自定义视图
IsInitialized	获取一个值，该值指示是否已初始化 DataTable
Locale	获取或设置用于比较表中字符串的区域设置信息
MinimumCapacity	获取或设置该表的初始大小
PrimaryKey	获取或设置充当数据表主键的列的数组
Format	获取或设置序列化格式
Rows	获取属于该表的行的集合
Name	获取或设置 DataTable 的名称

DataTable 中的常用方法如表 9-26 所示。

表 9-26 DataTable 类的常用方法

方 法	说 明
Clear()	清除所有数据的 DataTable
Clone()	克隆 DataTable 的结构，包括所有 DataTable 架构和约束

续表

方法	说明
Compute()	计算用来传递筛选条件的当前行上的给定表达式
Copy()	复制该 DataTable 的结构和数据
CreateDataReader()	返回与此 DataTable 中的数据相对应的 DataTableReader

在 fillDataView()方法中对 DataTable 的应用如下：

```
//用查询结果填充DataGridView控件的方法
public void fillDataView()
{
    //创建一个SqlConnection对象实例，打开数据库连接
    …
    //创建查询字符串
    …
    //创建一个SqlDataAdapter对象实例
    SqlDataAdapter da=new SqlDataAdapter(selectSQL, conn);
    DataTable dt=new DataTable();
    da.Fill(dt);   //填充数据表

    //填充控件
    dataGridView1.DataSource=dt.DefaultView; //将数据表作为Dataview的数据源
    conn.Close();
}
```

2. 评论增删改判断机制

添加评论时，首先判断给分是否在合适范围（1～10）内；然后根据当前用户的 id 和评论的电影编号一起到评价表中查看该用户是否已经对该电影评价过，若评价过，返回提示信息；再根据用户输入的电影编号到电影表中查找，是否有对应编号的电影存在，若无此编号电影，返回提示信息；在都没有返回信息的情况下，将该条评论记录插入评论表中。

删除评论时，首先检查是否填写了评论编号，该项在删除操作时必须填写；然后根据当前用户的 id 和填写的评论编号到评价表中查看是否存在该编号的评价，且评论用户是否是当前 id 用户，如果不是，则返回提示信息（用户只允许删除其自身给出的评价）；若查到有记录，则提示删除，并更新 DataGridView 视图。

修改评论时，首先检查评论编号、电影编号、评论分数填写是否正确；然后根据当前用户的 id 和评论编号到评价表中查看该用户是否对该电影评价过，若无则返回提示信息，若有则根据新值修改评论记录。

任务6　推荐电影窗体的代码实现

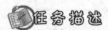任务描述

对推荐电影窗体（Form5）进行代码编写，完成窗体各控件功能。

任务实施

此窗体的代码和搜索电影窗体（Form3）的代码几乎一样，按钮事件代码及窗体载入事件代码一样，只是调用的查询方法 dsResult() 和 Max() 有差别。

（1）方法 dsResult() 根据推荐机制搜索电影表中符合条件的电影记录，并且只返回结果中指定行的记录，代码如下：

```
public DataSet dsResult(int currentIndex)
{
    //创建一个SqlConnection对象实例，打开数据库连接
    SqlConnection conn=new SqlConnection();
    conn.ConnectionString="Data Source=ethan\\sqlexpress;Initial Catalog=FSS;
    Integrated Security=True";
    conn.Open();

    int pageSize=1;  //标记
    string selectSQL="select filmintro.fno, filmintro.fname, filmintro.fdirector,filmintro.fstars, filmintro.fintro, AVG(scores.score) as 'avgscore' "
        +"from filmintro,scores "
        +" where filmintro.fno=scores.fno AND scores.fno not in( select distinct f.fno "
        +" from filmintro f,scores s "
        +"where f.fno=s.fno and s.uid='"+frm1.userid+"' ) "
        +" group by filmintro.fno, filmintro.fname, filmintro.fdirector, filmintro.fstars, filmintro.fintro "
        +" order by avgscore desc " ;
    SqlDataAdapter da=new SqlDataAdapter(selectSQL, conn);
    DataSet ds=new DataSet("t_film");
    da.Fill(ds, currentIndex, pageSize, "t_film");
    conn.Close();
    return ds;
}
```

（2）在类体中添加方法 Max()，该方法能够返回符合推荐条件的电影记录的记录数，代码如下：

```
public int Max()
{
    //创建一个SqlConnection对象实例，打开数据库连接
    SqlConnection conn=new SqlConnection();
    conn.ConnectionString="Data Source=ethan\\sqlexpress;Initial Catalog=FSS;
                    Integrated Security=True";
    conn.Open();
    try
    {
        string countSQL="select distinct fno into #temp "
                    +"from scores "
                    +"where fno not in( "
                        +"select distinct f.fno "
                        +"from filmintro f,scores s "
```

```
                                    + "where f.fno=s.fno and s.uid='"+frm1.
                                            userid +"') "
                            +"select count(*) from #temp ";
        SqlCommand cmd=new SqlCommand(countSQL, conn);
        return int.Parse(cmd.ExecuteScalar().ToString());
    }
    catch(Exception ee)
    {
        MessageBox.Show(ee.Message.ToString());
        return 1;
    }
}
```

相关知识

1. 推荐机制

推荐电影是指将用户没有看过的电影推荐给用户,其推荐机制如下:

- 判断没有看过的电影:在评价表中搜索用户的评价,没有被用户评价过的电影,被认为是用户没有观看过的。
- 排序没有看过的电影:其他用户对用户当前没看过的电影都有相应的评分,对每一部电影得到的评分求平均值,并将此平均值作为给推荐电影排序的依据,按平均评分值由高到低排列这些查询到的记录,并返回给用户作为推荐电影。

2. SQL 查询基础

SQL 是专门为数据库建立的操作命令集,是一种功能齐全的数据库语言。表 9-27 中列举了常用的 SQL 语句及其说明。

表 9-27 SQL 常用语句及说明

SQL 命令	说　　明	SQL 命令	说　　明
SELECT	查询数据,即从数据库中返回记录集	DELETE	删除表中的记录
INSERT	向数据表中插入一条记录	CREATE	创建一个新的数据表
UPDATE	修改数据表中的记录	DRUP	删除一个数据表

(1)查询语句 SELECT。

一条典型的 SELECT 查询语句的语法格式如下:

```
SELECT select_list
[INTO new_table_name]
FROM table_list
[WHERE search_conditions]
[GROUP BY group_by_list]
[HAVING search_conditions]
[ORDER BY order_list[ASC/DESC]]
```

各参数的说明如下:

- select_list:选择列表用来描述数据集的列,它是一个用逗号连接的表达式列表。每个表达式定义了数据类型和大小,以及数据集列的数据来源。在选择列表中可以使用"*"号指定返回源表中所有的列(字段)。

- INTO new_table_name：使用该子句可以通过数据集创建新表，new_table_name 表示新建表的名称。
- FROM table_list：每条要从表或视图中检索数据的 SELECT 语句中，都必须包含一个 FROM 子句。使用该语句指定包含在查询中的所有列，以及 WHERE 所引用的列所在的表或视图。用户可以使用 AS 子句为表或视图指定别名。
- WHERE：这是一个筛选子句，它定义了源表中的行要满足 SELECT 语句的要求所必须达到的条件。只有符合条件的行才会被包含在数据集中。WHERE 子句还用在 DELETE 和 UPDATE 语句中，指定需要删除或更新记录的条件。
- GROUP BY：该语句根据 group_by_list 中的定义，将返回的记录集结果分成若干组。
- HAVING：该语句是应用于数据集的附加筛选。HAVING 子句从中间数据集对行进行筛选，这些中间数据集是用 SELECT 语句中的 FROM、WHERE 或 GROUP BY 子句创建的。该语句通常与 GROUP BY 语句一起使用。
- ORDER BY：该语句定义了数据集中行的排列顺序（排序）。order_list 指定了列排列的顺序。可以使用 ASC 或 DESC 指定是按升序还是按降序排序。

（2）插入记录语句 INSERT

使用 INSERT 语句可以向表中插入一条记录，该语句的语法格式如下：

`INSERT INTO 表名称(字段名) VALUE(字段值)`

（3）修改记录语句 UPDATE

使用 UPDATE 语句可更新（修改）表中的数据，该语句的语法格式如下：

`UPDATE 表名称 SET 字段名=值 WHERE 条件`

（4）删除记录语句 DELETE

使用 DELETE 语句可以删除数据表中的指定行，该语句的语法格式如下：

`DELETE FROM 表名称 WHERE 条件`

3．数据绑定

从本质上讲，数据绑定指的是一个过程，即在运行时自动为包含数据的结构中的一个或多个窗体控件设置属性的过程。Windows 窗体的数据绑定功能使用户可以轻松绑定几乎所有包含数据的结构。

在.NET 框架中，Windows 窗体中的数据绑定是由许多对象联合处理的，主要使用下列对象：

① 数据源：数据源是包含要绑定到用户界面的数据的对象。

② CurrencyManager：CurrencyManager 对象用于跟踪绑定到用户界面的数组、集合或表内的数据的当前位置。

③ PropertyManager：PropertyManager 对象负责维护绑定到控件的对象的当前属性。

④ BindingContext：每个 Windows 窗体都具有一个默认的 BindingContext 对象，该对象跟踪相应窗体上的所有 CurrencyManager 和 PropertyManager 对象。

⑤ Binding 对象：用于在控件的单个属性与另一个对象的属性之间，或某个对象列表中当前对象的属性之间创建和维护简单绑定。

表 9-28 显示了一些比较重要的绑定到特定 Windows 窗体控件的属性和方法。

表 9-28　Windows 窗体控件的常用绑定属性

属性或方法	Windows 窗体控件	说　明
DataSource 属性	ListControls（例如 ListBox 或 Combo Box），DataGrid 控件	指定要绑定到用户界面控件的数据源
DisplayMember 属性	ListControls	指定要显示给用户的数据
ValueMember 属性	ListControls	指定与显示值相关联的、供应用程序内部使用的值
DataMember 属性	DataGrid 控件	如果数据源包含多个数据成员（例如，如果指定了包含多个表的 DataSet），使用 DataMember 属性指定要绑定到网格的数据成员
SetDataBinding()方法	DataGrid 控件	在运行时重置 DataSource()方法

本 章 小 结

本章通过对"电影荐评系统"的设计与创建，介绍了 ADO.NET 的核心组件类，还介绍了 C# 程序中对数据库（特别是 SQL Server 数据库）的访问和修改方法。

习　题

1. 什么是数据集？
2. 简述数据适配器组件的作用。
3. 使用 SQL Server 客户端工具，在远程 SQL Server 数据库中创建一个通讯录数据库 addresslist，其中包含一个 Tel 表，表中包含姓名、单位、工作电话、移动电话、电子邮件等字段。
4. 利用上题创建的数据库，创建一个能浏览、查询、删除、修改数据库中数据的 Windows 应用程序。

第10章 文件 I/O 操作

本章介绍文件与流的概念,以及文件流的使用方法等。

学习目标

- 掌握文件的新建、读、写和更新操作;
- 熟悉 StreamReader 和 StreamWriter 的使用;
- 熟悉 BinaryReader 和 BinaryWriter 的使用。

10.1 文 件 与 流

C#将文件视为一个字节序列,以流的方式对文件进行操作。流式字节序列的抽象概念,文件、输入/输出设备、内部进程通信管道及 TCP/IP 套接字等都可以被视为一个流。

文件和流之间既有区别又有联系。文件是在各种驱动器上(硬盘、可移动磁盘等)永久或临时存储的数据的有序集合,是进行数据读/写操作的基本对象。文件通常具有文件名、路径、访问权限等属性。

而流从概念上来说非常类似于单独的磁盘文件,同时也是进行数据读/写操作的对象。流提供了连续的字节存储空间,通过流可以向后备存储器写入数据,也可以从后备存储器中读取数据。与磁盘文件直接相关的流称为"文件流",除文件流之外,还存在网络流、内存流等其他类型的流。

Windows 操作系统对文件采用目录管理方式,文件和目录则存储在驱动器上。相应地,.NET 类库中提供了 DriveInfo 类、Directory 类和 File 类,分别对驱动器、目录和文件进行封装,这 3 个类都是密封类,无法从中派生出其他类,且 Directory 类和 File 类是静态类,不能进行实例化,只能通过调用其静态成员的方式来使用该类。

所有表示流的类都是从 Stream 类继承的,Stream 类是所有流的抽象基类。FileStream 类继承自 Stream 类,主要用于二进制文件的输入与输出。

任务 1 文件的写入与读出

任务描述

利用 FileStream 类的实例,将文本框中写入的 ASCII 码值以字节的形式保存在文件中。然后以流方式打开该文件，将 ASCII 码值转换为对应的 ASCII 字符并显示出来，运行结果如图 10-1 所示。

图 10-1 "文件的写入与读出"程序运行结果

任务实施

1. 创建项目和窗体

（1）创建一个"Windows 应用程序"项目。

（2）向窗体上添加 2 个标签框、3 个命令按钮、1 个文本框，界面布局如图 10-2 所示，控件属性值如表 10-1 所示。

图 10-2 "文件的写入与读出"程序界面布局

表 10-1 窗体控件的属性值

对象类型	对象名	属性	值
窗体	Form1	Text	文件的写入与读出
标签框	label1	Text	
		AutoSize	False
		BorderStyle	Fixed3D
	label2	AutoSize	False
		Text	请在下面的文本框中输入 ASCII 码值，以","分隔

续表

对象类型	对象名	属　性	值
命令按钮	button1	Text	保存文件
	button2	Text	打开文件
	button3	Text	清　空
文本框	textBox1	Text	

2. 代码的编写

（1）在 Form1 类定义的类体中，添加以下引用：

using System.IO;

（2）双击"保存文件"按钮，为其添加 Click 事件代码如下：

```
private void button1_Click(object sender, EventArgs e)
{
    string[] inputstr=textBox1.Text.Split(',');
    byte[] buf1=new byte[inputstr.Length];
    for(int i=0; i < inputstr.Length; i++)
    {
        buf1[i]=byte.Parse(inputstr[i]);
    }
    FileStream fs=new FileStream("test1.dat", FileMode.Create FileAccess.Write);
    fs.Write(buf1,0,buf1.Length);
    fs.Close();
    MessageBox.Show("文件创建成功！");
}
```

（3）双击"打开文件"按钮，为其添加 Click 事件代码如下：

```
private void button2_Click(object sender, EventArgs e)
{
    FileStream fs=File.Open("test1.dat", FileMode.Open, FileAccess.Read);
    int i;
    string outputstr="";
    if(fs.CanRead)
    {
        for(;(i=fs.ReadByte())!=-1;)
            outputstr+=(char)i+", ";
    }
    fs.Close();
    label1.Text=outputstr;
}
```

（4）双击"清空"按钮，为其添加 Click 事件代码如下：

```
private void button3_Click(object sender, EventArgs e)
{
    label1.Text="";
    textBox1.Text="";
}
```

3. 程序的运行

按【F5】键运行该应用程序，在文本框中输入 ASCII 码值，以","分隔，要保存成字节文件时，单击"保存文件"按钮。要打开文件读取内容时，单击"打开文件"按钮，在标签框中会将保存的字节数据以字符形式显示。单击"清空"按钮，清空标签框和文本框内容。运行结果参考图 10-1。

相关知识

1. 文件流 FileStream

文件流 FileStream 支持同步和异步文件读/写，它还可以使用输入/输出缓存以提高性能。

（1）流的创建。

FileStream 类提供了 14 个构造函数，支持使用多种方式构造 FileStream 对象，并在构造时指定文件流的多个属性。

本任务中使用的构造函数是一个包含 3 个参数的构造函数，其一般格式如下：

```
FileStream(string path,FileMode mode,FileAccess access);
```

各参数的说明如下：

- path：指定当前 FileStream 对象将封装的文件的相对路径或绝对路径（其中包含要打开或创建的文件的名称）。path 参数可以只是文件名（在程序所在目录下创建或打开文件）。
- mode：指定如何打开或创建文件，它的值必须是 FileMode 枚举中的值。
- access：指定 FileStream 对象如何访问文件，它的值必须是 FileAccess 枚举中的值。

本任务中保存文件的文件流，就是通过 FileStream 的构造函数创建的，代码如下：

```
FileStream fs = new FileStream("test1.dat", FileMode.Create FileAccess.Write);
```

这条语句在程序所在文件夹下创建了一个名为 test1.dat 的文件（如果文件已经存在，它将被新建的文件覆盖），且只能向该文件写入数据。

（2）将数据写入流。

要将内存中的数据写入文件流，需要调用文件流的 Write() 方法，其一般格式如下：

```
Write(byte[] array,int offset,int count);
```

各参数的说明如下：

- array：要写入文件流的字节数组。
- offset：array 数组中开始写入文件流的字节的偏移量（下标）。
- count：将要写入流的最大字节数。

如果写操作成功，则流的当前位置前进写入的字节数，如果发生异常，则流的当前位置不变。

如本任务中的以下代码：

```
fs.Write(buf1,0,buf1.Length);
```

这条语句将字节数组 buf1 中的数据全部写入文件流 fs。

（3）从流中读取数据。

FileStream.ReadByte() 方法从流中读取一个字节（返回已转换为 int 的字节），并将流内的位置（指向流当前操作位置的指针）向前推进一个字节，如果已达流的末尾，则返回 -1。

在读取之前，用 CanRead 属性确定当前对象是否支持读取操作，如本任务中的以下代码：

```
if(fs.CanRead)
{
    for(;(i=fs.ReadByte())!=-1;)
        outputstr+=(char)i+", ";
}
```

这条语句逐字节地读取流中的内容，将每个字节转换为一个字符，并将其附加到一个字符串上。

（4）关闭文件流。

如果程序不再需要使用某个文件了，最好在程序中显式地关闭它，使用 FileStream.Close()方法关闭文件并释放与当前文件流关联的任何资源。

FileStream 类的常用属性如表 10-2 所示。

表 10-2　FileStream 类的常用属性

属性名称	说　明
CanRead	获取一个值，该值指示当前流是否支持读取
CanSeek	获取一个值，该值指示当前流是否支持查找
CanTimeout	获取一个值，该值确定当前流是否可以超时
CanWrite	获取一个值，该值指示当前流是否支持写入
Length	获取用字节表示的流长度
Positon	获取或设置此流的当前位置

FileStream 类的常用方法如表 10-3 所示。

表 10-3　FileStream 类的常用方法

方法名称	说　明
Close()	关闭当前流并释放与之关联的所有资源（如套接字和文件句柄）
Read()	从流中读取字节块并将该数据写入给定缓冲区中
ReadType()	从文件中读取一个字节，并将读取位置向前推进一个字节
Seek()	将该流的当前位置设置为给定值
SetLength()	将该流的长度设置为给定值

2．与 I/O 操作相关的枚举

下面简单介绍 I/O 操作中常用的枚举类型。

（1）FileAccess。FileAccess 表示对文件的访问权限，枚举取值包括：

- Read：对文件拥有读权限。
- ReadWrite：对文件同时拥有读/写权限。
- Write：对文件拥有写权限。

（2）FileAttribute。FileAttribute 表示文件的类型，枚举取值包括：

- Archive：存档文件。
- Compressed：压缩文件。
- Device：设备文件。
- Directory：目录。

- Encrypted：加密文件。
- Hidden：隐藏文件。
- Normal：普通文件。
- NotContentIndexed：无索引文件。
- Offline：脱机文件。
- ReadOnly：只读文件。
- ReparePoint：重分析文件。
- SparseFile：稀疏文件。
- System：系统文件。
- Temporary：临时文件。

（3）FileMode。FileMode 表示文件的打开方式，枚举取值包括：

- Append：以追加方式打开文件，如果文件存在文件指针则到达文件末尾后，陆续追加内容到文件，否则创建一个新文件。
- Create：创建并打开一个新文件，如果文件已经存在则覆盖旧文件。
- CreateNew：创建并打开一个新文件，如果文件已经存在则发生异常。
- Open：打开现有文件，如果文件不存在则发生异常。
- OpenOrCreate：打开或新建一个文件，如果文件已经存在则打开它，否则创建并打开一个新文件。
- Truncate：打开现有文件，并清空文件内容。

（4）FileShare。FileShare 表示文件的共享方式，枚举取值包括：

- None：禁止任何形式的共享。
- Read：读共享，打开文件后允许其他进程对文件进行读操作。
- ReadWrite：读写共享，打开文件后允许其他进程对文件进行读和写操作。
- Write：写共享，打开文件后允许其他进程对文件进行写操作。

（5）SeekOrigin。SeekOrigin 表示以什么为基准来计算文件流中的偏移量，枚举取值包括：

- Begin：从文件流的起始位置计。
- Current：从文件流的当前位置计。
- End：从文件流的结束位置计。

3. File 类

使用 File 类提供的文件管理功能，不仅可以创建、复制、移动和删除文件，而且还可以打开文件，以及获取和设置文件的有关信息。File 类同时也是创建流对象的基本要素。File 类的常用公有静态方法如表 10-4 所示。

表 10-4　File 类的常用公有静态方法

方　　法	返回类型	用　　　　途
Create(string)	FileStream	指定文件名创建文件，并返回一个流对象
CreateText(string)	StreamWriter	指定文件名，以文本方式创建文件，并返回一个流对象

续表

方法	返回类型	用途
Copy(string, string)	void	给定源路径名和目标路径名，复制文件
Move(string, string)	void	给定源路径名和目标路径名，移动文件
Replace(string, string, string)	void	给定源路径名和目标路径名，替换文件
Delete(string)	void	删除指定的文件
Open(string)	FileStream	指定文件名，打开文件，并返回一个流对象
OpenRead(string)	FileStream	指定文件名，打开文件用于读操作，并返回一个流对象
OpenWrite(string)	FileStream	指定文件名，打开文件用于写操作，并返回一个流对象
OpenText(string)	StreamReader	指定文件名，以文本方式打开文件，并返回一个流对象
AppendText(string)	StreamWriter	指定文件名，以文本方式打开文件用于追加内容，并返回一个流对象
ReadAll(string)	string	指定文件名，打开文件并读取全部内容
WriteAll(string, string)	void	指定文件名，打开文件并写入新内容
ReadAllBytes(string)	byte[]	指定文件名，打开文件，将全部内容读取到一个字节数组当中
WriteAllBytes(string, byte[])	void	指定文件名，打开文件，将一个字节数组作为新内容写入
ReadAllLines(string)	string[]	指定文件名，打开文件，将全部内容读取到一个字符串数组中
WriteAllLines(string, string[])	void	指定文件名，打开文件，将一个字符串数组作为新内容写入

本任务中以下代码：

```
FileStream fs=File.Open("test1.dat", FileMode.Open, FileAccess.Read);
```

用 File 类中的 Open()方法返回一个文件流，等同于：

```
FileStream fs=FileStream("test1.dat", FileMode.Open, FileAccess.Read);
```

4．字符串的分割

本任务中将文本框中的字符串分割成多个字符串数组，使用的方法是 String 类中的 Split()方法，该方法返回包含此实例中的子字符串（由指定 char 或 string 数组的元素分隔）的 string 数组。

该方法有很多重载方法，本任务中用到一个参数的重载，一般格式如下：

```
String.Split (char[]);
```

上面的语句返回包含此实例中的子字符串（由指定 char 数组的元素分隔）的 string 数组。

本任务中的以下代码：

```
string[] inputstr=textBox1.Text.Split(',');
```

将文本框 1 中的字符串以 "," 分隔，存放到字符串数组 inputstr 中。

10.1.1 文件的追加与随机访问

以 FileMode.Create()方法打开的文件流，其流指针默认指向流的第一个字节，如果打开的文件是已经存在的，那么再向其中写入数据，就会将原有文件覆盖掉，要保留已经存在的数据，就必须以"追加"的方式打开文件。

同样，由于默认打开的文件流，其流指针默认指向第一个字节，所以前面的读文件操作都是从文件最开始的字节开始读取，实际上，很多流都支持 Seek()方法，该方法可以让用户随意读取流中的字节。

任务 2 追加数据与随机访问

任务描述

在任务 1 中,程序运行后,单击"保存文件"按钮就会创建一个名为"test1.dat"的文件来保存数据,再一次单击"保存文件"按钮时,新的数据会将原来文件中的数据覆盖,现在修改成"追加"模式,并且要求能够随机访问文件中的字节信息,修改后的程序运行结果如图 10-3 所示。

图 10-3 菜单演示

任务实施

1. 创建项目和窗体

将任务 1 中的"清空"按钮的 Text 属性值改为"末尾 3 字节",即单击该按钮,则显示文件中最后 3 个字节的数据。

2. 代码的编写

对任务 1 中的代码,要修改的地方如下:

(1)"保存文件"按钮的 Click 事件代码,改动的部分用灰色底纹显示:

```
private void button1_Click(object sender, EventArgs e)
{
    string[] inputstr=textBox1.Text.Split(',');
    byte[] buf1=new byte[inputstr.Length];
    for (int i=0; i < inputstr.Length; i++)
    {
        buf1[i]=byte.Parse(inputstr[i]);
    }
    FileStream fs=new FileStream("test1.dat", FileMode.Append ,FileAccess.Write);
    fs.Write(buf1,0,buf1.Length);
    fs.Close();
    MessageBox.Show("文件创建成功!");
}
```

(2)"末尾 3 字节"按钮的 Click 事件代码如下:

```
private void button3_Click(object sender, EventArgs e)
{
    FileStream fs=new FileStream("test1.dat", FileMode.Open, FileAccess.Read);
```

```
        string outputstr1="文件中的最后三个字节是: \n";
        int i;
        fs.Seek(-3, SeekOrigin.End);
        for (; (i=fs.ReadByte())!=-1; )
            outputstr1+=(char)i + ", ";
        fs.Close();
        label1.Text=outputstr1;
}
```

3．程序的运行

按【F5】键运行该应用程序，在文本框中输入新的 ASCII 字符的数值，单击"保存文件"按钮，会将新的数据追加到已经创建的 test1.dat 的尾部；单击"打开文件"按钮，将 test1.dat 文件中的数据都以 ASCII 码字符的形式显示在标签框中；单击"末尾 3 字节"按钮，将 test1.dat 文件中的最后 3 个字节的数据以 ASCII 码字符形式显示在标签框中。运行结果参考图 10-3。

相关知识

1．Seek()方法定位

FileStream.Seek()方法允许把读/写位置移动到文件内的任何位置，因此打开一个流并从某一点对流进行写操作之后，如果再要从该点对流进行读操作，不需要关闭流和再打开流，只需要使用 Seek()方法定位到该点，然后进行读操作即可。

Seek()方法的随机定位，是通过字节偏移参考点参数来完成的，字节偏移是相对于查找参考点而言的，该参考点可以使文件的开始、当前位置或结尾，分别由 SeekOrigin 枚举的值 Begin（指定流的开头）、Current（指定流内的当前位置）、End（指定流的结尾）表示。

Seek()方法的一般格式如下：

```
Seek(long offset, SeekOrigin origin);
```

各参数的说明如下：

- offset：相对于参考点的字节偏移量。如果参考点在开头，则 offset 参数要为正数；如果参考点在结尾，offset 参数要为负数；如果参考点为当前位置 current，offset 参数的正负取决于要移动的方向。
- origin：由枚举 SeekOrigin 指定的参考点位置，只可以取 3 种值，即 SeekOrigin.Begin、SeekOrigin.Current、SeekOrigin.End。

2．Position 属性定位

如果不使用 Seek()方法，可以用流的 Position 属性来定位。

如本任务中的：

```
fs.Seek(-3, SeekOrigin.End);
```

等价于：

```
fs.position=fs.Length-3;
```

3．追加模式

在构造 FileStream 时，如果使用了 FileMode.Append 模式，而没有指定访问权限，那么文件流对象将具有写权限，即：

```
fs=new FileStream("test1.dat", FileMode.Append);
```

等价于：

```
fs=new FileStream("test1.dat", FileMode.Append, FileAccess.Write);
```

10.2 流的文本读/写

FileStream 类适合对二进制数据进行读取，如果想要对字符数据进行处理，直接使用 StreamReader 和 StreamWriter 类更合适，这两个类可以让用户从文件读取字符顺序流，或者将字符顺序流写入文件。

任务 3 通 讯 录

任务描述

编写一个通讯录程序，能够将输入的人名和电话记录到一个文本文件中，并且能够将文本文件中的数据显示出来，运行结果如图 10-4 所示。

图 10-4 "通讯录"程序运行结果

任务实施

1．创建项目和窗体

（1）创建一个"Windows 应用程序"项目。

（2）向窗体上添加 2 个标签框、3 个文本框、2 个命令按钮，界面布局如图 10-5 所示，控件属性值如表 10-5 所示。

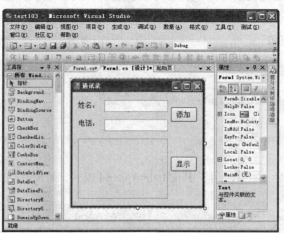

图 10-5 "通讯录"窗体界面布局

表 10-5　窗体的控件属性值

对象类型	对象名	属　　性	值
窗体	Form1	Text	通讯录
文本框	textBox1	Text	
	textBox2	Text	
	textBox3	Multiline	True
		ReadOnly	True
		Text	
标签框	label1	Text	姓名:
	label2	Text	电话:
命令按钮	button1	Text	添加
	button2	Text	显示

2．代码的编写

（1）在 Form1 类定义的类体中，添加以下引用：

```
using System.IO;
```

（2）"添加"按钮的 Click 事件代码如下：

```
private void button1_Click(object sender, EventArgs e)
{
    FileStream fs=new FileStream("phonebook.txt", FileMode.Append,
    FileAccess.Write);
    StreamWriter fw=new StreamWriter(fs);
    string inputStr;
    inputStr=textBox1.Text;
    inputStr+="\t"+textBox2.Text;
    fw.WriteLine(inputStr);
    fw.Close();
    fs.Close();
    textBox1.Text="";
    textBox2.Text="";
}
```

（3）"显示"按钮的 Click 事件代码如下：

```
private void button2_Click(object sender, EventArgs e)
{
    FileStream fs=new FileStream("phonebook.txt", FileMode.Open, FileAccess.
    Read);
    StreamReader fr=new StreamReader(fs);
    string outputStr="";
    string lineStr="";
    do
    {
        lineStr=fr.ReadLine();
        outputStr+=lineStr+"\r\n";
    }
    while (lineStr!=null);
    fr.Close();
```

```
        fs.Close();
        textBox3.Text=outputStr;
}
```

3．程序的运行

按【F5】键运行该应用程序，在"姓名"和"电话"文本框中输入姓名和电话号码，单击"添加"按钮，将数据追加到文件 phonebook.txt 末尾；单击"显示"按钮，在第三个文本框中显示 phonebook.txt 的内容。运行结果参考图 10-4。

相关知识

1．流的文本读/写

StreamReader 和 StreamWriter 主要用于以文本方式对流进行读/写操作，它们以字节为操作对象，并支持不同的编码格式。StreamReader 和 StreamWriter 通常成对使用，它们的构造函数有多种重载形式。可以通过指定文件名或指定另一个流对象来创建读写器对象，如有必要，还可以指定文本的字符编码和缓存区大小。对于 StreamWriter 对象，还可以指定是改写还是追加文件内容。

文本字符编码默认为 UTF-8 格式。在命名空间 System.Text 中定义的 Encoding 类对字符编码进行了抽象，它的 5 个静态属性分别代表 5 钟编码格式：ASCII、Default、Unicode、UTF-7、UTF-8。

但是，Encoding 类的 Default 属性表示系统的编码，默认为 ANSI 代码页，这和 StreamReader/StreamWriter 默认的 UTF-8 编码是不同的。StreamReader 的 CurrentEncoding 属性和 StreamWriter 的 Encoding 属性表示当前所使用的字符编码。

StreamReader 类还有一个 bool 类型的公有属性 EndOfStream，用于指示读取的位置是否已经到达流的末尾。

2．读写器的创建

（1）由文件流创建。

可以使用流对象来创建写出器对象，一般格式如下：

`public StreamWriter(Stream stream);`

该语句用 UTF-8 编码及默认缓冲区大小，为指定的流初始化 StreamWriter 类的一个新实例。
如本任务中的：

```
FileStream fs=new FileStream("phonebook.txt", FileMode.Append, FileAccess.Write);
StreamWriter fw=new StreamWriter(fs);
```

读取器对象也可以使用流对象来创建，一般格式如下：

`public StreamReader(Stream stream);`

该语句以指定的流初始化 StreamReader 类的新实例。
如本任务中的：

```
FileStream fs=new FileStream("phonebook.txt", FileMode.Open, FileAccess.Read);
StreamReader fr=new StreamReader(fs);
```

（2）由 File 类创建。

① File.AppendText()方法。File 类的静态方法 AppendText()可以创建一个 StreamWriter，它将

UTF-8 编码文本追加到现有文件。其一般格式如下：
```
public static StreamWriter AppendText(string path);
```
其中 path 指出要向其中追加内容的文件的路径。

本任务中的 StreamWriter 对象的创建代码可以改为：
```
StreamWriter fw=File.AppendText("phonebook.txt");
```
② File.OpenText()方法。File 类的静态方法 OpenText()可以打开现有 UTF-8 编码文本文件以进行读取。其一般格式如下：
```
public static StreamReader OpenText (string path);
```
其中 path 指出要打开以进行读取的文件的路径。

本任务中的 StreamReader 对象的创建代码可以改为：
```
StreamReader sr=File.OpenText("phonebook.txt");
```
（3）直接由文件路径创建。

也可以直接由文件路径（或文件名）来创建 StreamReader 和 StreamWriter，一般格式如下：
```
public StreamReader (string path);
```
其中 path 是要读取的完整文件路径。

和
```
public StreamWriter(string path);
```
其中 path 是要向其中写入的完整文件路径，path 可以是文件名。

本任务中的读写器对象创建代码也可以改为：
```
StreamWriter sw=new StreamWriter("phonebook.txt");
```
和
```
StreamReader sr=new StreamReader("phonebook.txt");
```
即使是直接使用文件名来构造 StreamReader 或 StreamWriter 对象，或是使用 File 类的静态方法 OpenText()和 AppendText()来创建，过程中都会自动生成隐含的文件流，读写器对文件的读/写是通过流对象进行的。文件流对象可以通过 StreamReader 或 StreamWriter 对象的 BaseStream 属性获得。

不通过文件流而直接创建 StreamReader 对象时，默认的文件流对象是只读的；如果直接创建 StreamWriter 对象，默认的文件流对象是只写的。

3．读写器的读和写

StreamWriter 提供了 Write()和 WriteLine()方法对流进行写操作，不同之处是，WriteLine()方法会在每个字符串后面加上换行符。这两个方法可以接受的参数类型很丰富，包括 char、int、string、float、double 及 object 等，甚至可以对字符串进行格式化，这与 Console 类的 Write()和 WriteLine()方法非常类似。

本任务中的写出操作的代码如下：
```
string inputStr;
inputStr=textBox1.Text;
inputStr+="\t" + textBox2.Text;
fw.WriteLine(inputStr);
```
StreamReader 中可以使用 4 种方法对流进行操作：
- Read()：该方法有两种重载形式，在不接受任何输入参数时，它读取流的下一个字符；当在参数中指定了数组缓冲区、开始位置和偏移量时，它读取指定长度的字符数组。
- ReadBlock()：从当前流中读取最大数量的字符，并将数据输出到缓冲区。

- ReadLine()：从当前流中读取一行字符，即一个字符串。
- ReadToEnd()：从流的当前位置开始，一直读取到流的末尾，并把所有读入的内容都作为一个字符串返回；如果当前位置位于流的末尾，则返回空字符串。

其中 ReadLine()方法最为常用，该方法一次读取一行字符。这里"行"的定义是指一个字符序列，该序列要么以换行符"\n"结尾，要么以回车换行符"\r\n"结尾。

本任务中读入操作的代码如下：

```
string outputStr="";
string lineStr="";
do
{
    lineStr=fr.ReadLine();
    outputStr+=lineStr+"\r\n";
}
while (lineStr!=null);
```

4．读写器的关闭

StreamWriter 和 StreamReader 各自的 Close()方法是用来对其用到的流进行关闭的。对于从文件流构造的读写器，应先关闭读写器对象，再关闭文件流对象，如本任务中的：

```
...
fw.Close();
fs.Close();
...
```

如果对同一个文件同时创建了 StreamReader 和 StreamWriter 对象，那么应该先关闭 StreamWriter 对象，再关闭 StreamReader 对象，否则将引发 ObjectDisposedExecption 异常。

10.3 流的二进制读/写

BinaryReader 类（二进制读取器）用于读取字符串和基本数据类型，BinaryWriter 类（二进制写出器）用于写入二进制文件。

任务 4　修改通讯录

任务描述

对任务 3 中的代码实现进行修改，用二进制读写器实现，程序运行结果如图 10-6 所示。

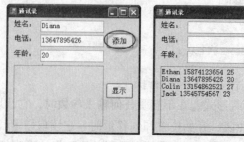

图 10-6　修改后的"通讯录"程序运行结果

任务实施

1. 创建项目和窗体
为任务3中的项目添加一个记录联系人年龄的标签框和文本框。

2. 代码的编写
（1）"添加"按钮的Click事件代码如下：

```csharp
private void button1_Click(object sender, EventArgs e)
{
    FileStream fs=new FileStream("phonebook1.txt", FileMode.Append);
    BinaryWriter bw=new BinaryWriter(fs);
    bw.Write(textBox1.Text);
    bw.Write(textBox2.Text);
    bw.Write(int.Parse(textBox4.Text));
    bw.Close();
    fs.Close();
    textBox1.Text="";
    textBox2.Text="";
    textBox4.Text="";
}
```

（2）"显示"按钮的Click事件代码如下：

```csharp
private void button2_Click(object sender, EventArgs e)
{
    FileStream fs=new FileStream("phonebook1.txt", FileMode.Open, FileAccess.Read);
    BinaryReader br=new BinaryReader(fs);
    string name;
    string telno;
    int age;
    string outputStr="";
    fs.Position=0;
    while (fs.Position!=fs.Length)
    {
        name=br.ReadString();
        telno=br.ReadString();
        age=br.ReadInt32();
        outputStr+=String.Format("{0} {1} {2}", name, telno,age)+"\r\n";
    }
    br.Close();
    fs.Close();
    textBox3.Text=outputStr;
}
```

3. 程序的运行
按【F5】键运行该应用程序，在文本框中输入姓名、电话号码和年龄，单击"添加"按钮，将数据追加到文件 phonebook.txt 的末尾；单击"显示"按钮，在窗体最下面的文本框中显示 phonebook.txt 中的内容。运行结果参考图10-6。

相关知识

1. 二进制读写器的创建

BinaryReader 和 BinaryWriter 是以二进制方式对流进行 I/O 操作的，它们的构造函数中需要指定一个 Stream 类型的参数，如有必要还可以指定字符的编码格式。用户也可以通过这两个对象的 BaseStream 属性来获得当前操作的基础流对象，但与文本读写器不同的是，二进制读写器不支持从文件名直接进行构造。

如本任务中创建二进制读写器的语句：

```
FileStream fs=new FileStream("phonebook1.txt", FileMode.Append);
BinaryWriter bw=new BinaryWriter(fs);
```

和

```
FileStream fs=new FileStream("phonebook1.txt", FileMode.Open, FileAccess.Read);
BinaryReader br=new BinaryReader(fs);
```

都必须是以文件流对象作为构造函数的参数。

2. 二进制读写器的读和写

BinaryReader 类提供了多个读操作方法，如表 10-6 所示，它们分别用于读取不同类型的数据对象。

表 10-6　BinaryReader 类的读操作方法

方　　法	返回类型	说　　明
Read(byte[],int,int)	int	指定位置和偏移量，从流中读取一组字节到缓冲区
ReadBoolean()	bool	从流中读取一个布尔值
ReadByte()	byte	从流中读取一个字节
ReadBytes()	byte[]	从流中读取一个字节数组
ReadChar()	char	从流中读取一个字符
ReadChars()	char[]	从流中读取一个字符数组
ReadDecimal()	decimal	从流中读取一个十进制数值
ReadDouble()	double	从流中读取一个双精度浮点型数值
ReadInt16()	short	从流中读取一个短整型数值
ReadInt32()	int	从流中读取一个整数值
ReadInt64()	long	从流中读取一个长整型数值
ReadSByte()	sbyte	从流中读取一个有符号字节
ReadSingle()	float	从流中读取一个单精度浮点型数值
ReadString()	string	从流中读取一个字符串
ReadUint16()	ushort	从流中读取一个无符号短整型数值
ReadUInt32()	uint	从流中读取一个无符号整数值
ReadUInt64()	ulong	从流中读取一个无符号长整型数值

注意：表 10-6 中列出的方法名称中所指的都是数据类型在 System 空间的原型，例如，读取单精度浮点型数值，其方法名称是 ReadSingle 而不是 ReadFloat。

本任务中读取了 string 和 int 两种类型的数据，代码如下：
```
while(fs.Position!=fs.Length)
{
    name=br.ReadString();
    telno=br.ReadString();
    age=br.ReadInt32();
    outputStr+=String.Format("{0} {1} {2}", name, telno,age)+"\r\n";
}
```
BinaryWriter 只提供了一个方法 Write()进行写操作，该方法也和 StreamWriter.Writer()方法一样支持多种重载形式，用于写入不同类型的数据对象，如本任务中的以下代码：
```
bw.Write(textBox1.Text);
bw.Write(textBox2.Text);
bw.Write(int.Parse(textBox4.Text));
```
完成了字符串类型和整型数据的写入。

本 章 小 结

本章介绍了文件和流的概念，介绍了利用 FileStream 对象创建、打开、追加文件数据的方法，还针对文本数据的 I/O 操作介绍了 StreamReader 和 StreamWriter 类，针对二进制数据的 I/O 操作介绍了 BinaryReader 和 BinaryWriter 类。

习 题

1. 什么是文件？什么是流？文件与流的关系是什么？
2. 用一个二进制写出器将一个 Student 对象的每个属性的值，写入文件 S.dat 中。使用二进制读取器，将文件 S.dat 中 Student 对象的每个属性的值读出并显示在窗体的文本框中。
3. 编写一个程序，完成如下功能：
（1）从对话框中打开指定的图片；
（2）将该图片保存到数据库中某张表的字段中；
（3）将数据库中的图片数据读取出来，保存到 C:盘根目录下的文件中（文件名自定）。

Learn more about it!

笔记栏